普通高等教

产品设计人因工程学及案例解析

HUMAN FACTORS ENGINEERING OF PRODUCT DESIGN AND CASE ANALYSIS

李 立 主 编

佗鹏莺　崔春京　孙冬梅　**副主编**

中国轻工业出版社

图书在版编目（CIP）数据

产品设计人因工程学及案例解析 / 李立主编；佗鹏
莺，崔春京，孙冬梅副主编. -- 北京：中国轻工业出版
社，2024.9. -- ISBN 978-7-5184-5158-6

Ⅰ. TB18

中国国家版本馆CIP数据核字第2024F5Q319号

责任编辑：李　争　　责任终审：高惠京　　　　设计制作：锋尚设计
策划编辑：王　玙　　责任校对：朱　慧　朱燕春　　责任监印：张　可

出版发行：中国轻工业出版社（北京鲁谷东街5号，邮编：100040）

印　　刷：天津裕同印刷有限公司

经　　销：各地新华书店

版　　次：2024年9月第1版第1次印刷

开　　本：870×1140　1/16　印张：10

字　　数：260千字

书　　号：ISBN 978-7-5184-5158-6　定价：59.80元

邮购电话：010-85119873

发行电话：010-85119832　010-85119912

网　　址：http://www.chlip.com.cn

Email：club@chlip.com.cn

前 言
PREFACE

人因工程学是一门研究人与各种设备、环境之间相互作用关系的学科，旨在通过优化三者之间的相互作用关系，提高人的工作效率、增加舒适度、保障人的健康与安全。产品设计人因工程学是人因工程学在产品设计领域的具体应用与深化，它深入研究如何使产品更好地适应人的生理、心理及行为特性，以提升产品使用的便捷性、安全性和满意度，为产品设计的创新和发展提供理论支持和实践指导。通过人因工程学的应用，设计师能够创造出更加人性化、高效且愉悦的产品体验，确保产品与人之间的和谐共生。

本教材为了更好地满足设计专业学生的学习需求，在内容构建与教学方法上进行了多方面的创新，主要包括以下几个方面：

（1）在内容上，注重内容的适用性。从产品设计专业的实际需求出发，阐述人因工程学有关思想、概念、原则、原理和方法。例如：增加"工作负荷"部分的知识内容，分析其对效率、健康的影响及优化策略，助力人性化设计实践。

（2）在方法上，注重将理论知识与实践案例紧密结合，呈现大量的实际项目案例和模拟设计任务，注重科学性、知识性、适用性相结合。这些案例覆盖不同领域的产品，如消费类电子产品、家居用品、文创产品等，帮助学生理解不同应用场景下的人因考量。让学生理解如何将人因工程学的理论应用于产品设计的全过程中，提升产品的用户体验和市场竞争力。

（3）在结构上，注重结构的严谨性。本教材按照基础知识—产品设计理论—设计实践应用的逻辑关系，共分为6个章节。每一章节的开始，先简洁明了地阐述人因工程学的基本原理和核心概念，为后续案例的分析打下坚实的理论基础。随后，通过精心挑选的学生设计案例，逐一展开深入分析，从用户需求的挖掘、人机交互的优化、产品体验的提升等多个维度，全面展示人因工程学在产品设计中的具体应用。

（4）在资料的选用上，注意资料的先进性。本教材引入最新的人体测量数据GB/T 10000—2023《中国成年人人体尺寸》等一系列标准，以此为基础进行设计或研究，提高成果的创新性和实用性。

本教材由李立担任主编，佗鹏莺、崔春京、孙冬梅担任副主编。编写分工如下：第1章、第2章，第3章第3.1、3.5节，第4章、第6章第6.3节由李立编写；第5章、第6章第6.2节由佗鹏莺编写，第3章第3.3、3.4节，第6章第6.1节由崔春京编写，第3章第3.2节、第6章第6.4节由孙冬梅编写，全书由李立统稿。

本书在编写过程中参考了许多专家学者的著作、教材和科研成果，包括公开发表的文献、图片资料，还包括相关部门推出的现行国家标准，谨对原作者和研究者表示最诚挚的谢意！另外，非常感谢大连工业大学，尤其是艺术设计学院的师生在本书撰写过程中予以的帮助。教材中所附案例得到了产品设计专业杨帆、高华云、费飞、刘正阳、魏笑、宋柏林等老师的支持，在此表示感谢，同时向为本书出版提供了大力支持的中国轻工业出版社致谢。

由于编者理论与实践水平有限，虽然反复修改，仍难免有各种不足，敬请广大读者批评指正。

编者

2024年9月

目 录
CONTENTS

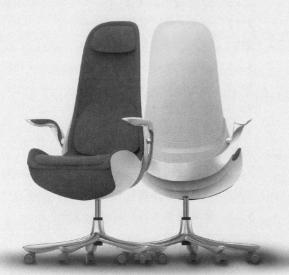

第1章
人因工程学概述

1.1　人因工程学的命名和定义

人因工程学是一门新兴的交叉学科，涉及生理学、心理学、解剖学、管理学、工程学、系统科学、劳动科学、安全科学、环境科学等多个学科。人因工程学运用多学科理论和方法，研究人、机器及其工作环境之间相互关系，使系统的设计满足人的生理心理特性并实现安全高效的目标。其应用领域非常广泛，包括航空航天、交通运输、制造业、医疗保健、军事、商业和日常生活等。

目前该学科在国内外还没有统一的名称。在美国，最初被称为应用实验心理学（Applied Experimental Psychology）或工程心理学（Engineering Psychology），20世纪50年代被称为人类工程学（Human Engineering）或人的因素工程学（Human Factors Engineering）。在苏联，被称为工程心理学，在日本被称为人间工学。在西欧多被称为工效学（Ergonomics）——"ergon"为希腊词根，即"工作、劳动"，"nomos"即"规律、规则"，合起来就是"人的劳动规律"的意思。由于该词能够较全面地反映本学科的本质，又源自希腊文，便于各国语言翻译上的统一，而且词

义保持中性，被较多的国家所采用。常见的名称还有人体工程学、人类工效学、人类工程学、工程心理学、宜人学、人的因素学等。在近几年，国内外学者使用人机工程学、人因工程学命名的较多。

该学科的定义与其命名一样也不统一。尽管各国学者所下的定义各不相同，但在研究对象和研究目的两个方面却是一致的。因此1960年，国际人类工效学学会（International Ergonomics Association，简称IEA）根据研究对象和目的下了一个较为全面和权威的定义：人因工程学是研究人在某种工作环境中的解剖学、生理学和心理学等方面的各种因素；研究人和机器及环境的相互作用；研究在工作中、家庭生活中和休假时怎样统一考虑工作效率、人的健康、安全和舒适等问题的学科。《中国企业管理百科全书》中将其定义为，研究人和机器、环境的相互作用及其合理结合，使设计的机器和环境系统适合人的生理、心理等特点，达到在生产中提高效率、安全、健康和舒适的目的的学科。目前学界普遍认可的是IEA在2000年给出

的定义：工效学（人因工程学）是研究系统中人与其他要素之间交互作用的学科，并运用相关原理、理论、数据与方法开展系统设计以确保系统实现安全、高效且宜人（Well-being）的目标。

1.2 人因工程学的发展

英国是世界上最早开展人因工程学研究的国家，但学科的奠基性工作却是在美国完成的，因此，人因工程学有"起源于欧洲、形成于美国"之说。虽然本学科的起源可追溯到20世纪初期，但成为一门独立学科却只有近60年历史。该学科在形成与发展的过程中大致经历了以下几个阶段：

（1）起源与早期探索阶段

现代不少社会科学和自然科学的理论，在古代文明中都曾经有过孕育和萌芽，但并不能说古代就已经有了这些科学理论。人因工程学也一样，古代纵有令人赞叹的器物、堪称精辟的论述，但与建立起一门完整的学科还是截然不同的。例如，在手工业时代，无论中外，劳动人民就开始研究人的能力与其所使用的工具之间的关系，这一阶段是以人为中心设计理念的萌芽，更多体现在基于"人的因素"良好知识的设计迹象。

（2）经验人因工程学阶段

19世纪末著名的泰勒（Frederick W. Taylor，1856—1915）铁锹实验，研究人、工具与生产效率之间的关系，开始将人因工程学的原则应用于工业生产和工作流程中。从泰勒的科学管理方法和理论的形成到第二次世界大战之前，称为经验人机工程学的发展阶段。在这个阶段，学科发展的主要特点是：以机械（产品）为中心进行设计，在人机关系上以选择和培训操作者为主，使人适应于机器（产品）。

此后，由于人们所从事的劳动越来越复杂，研究者开始对如何改革工具、改善劳动条件和提高工作效率等问题展开科学的研究，促使经验人因工程学进入到科学人因工程学阶段。

（3）科学人因工程学阶段

科学技术的发展使机器的性能、结构越来越复杂，人与机器的信息交换量也越来越大，以往仅靠人去适应机器的方式已很难达到目的。第二次世界大战期间，由于军事和人道主义需求，人机交互的研究得到了进一步的推动。相继出现了"实验心理学""人体测量学"等学科。军事领域中对"人的因素"的研究和应用，使科学人因工程学应运而生。战争结束后，对人因工程学的综合研究与应用逐渐从军事领域向非军事领域转变。在这一阶段，学科的发展特点是：重视工业与工程设计中"人的因素"，力求使机器（产品）适应于人。

（4）现代人因工程学阶段

在20世纪50年代和60年代，随着科技的快速发展和人机交互复杂性的增加，人因工程学逐渐从其他学科中独立出来，成为一个专门的领域。在这一阶段，人们开始更加关注人机交互的效率和舒适性，以及如何将人的因素融入产品、工具和设备的设计中。人因工程学的研究范围逐渐扩大，涉及多个领域，如生理学、心理学、解剖学、管理学、环境科学等。随着计算机和自动化技术的快速发展，人机交互变得越来越复杂，人因工程学在优化人机交互和提高工作效率方面发挥了越来越重要的作用，人因工程学的重要性更加凸显。同时，人们对工作场所的安全和健康问题也越来越关注，人因工程学在预防职业病和事故方面也发挥了积极的作用。现代人因工程学阶段的特点是：更加注重实证研究和应用实践，通过大量的实验和数据分析来验证理论假设和优化设计。

（5）当代人因工程学阶段

进入21世纪后，人因工程学的研究和应用领域得到了极大的拓展和深化。人因工程学经历着数字化、智能化以及全球化的深刻变革，尤其是数字化技术的崛起使人因工程学获得了全新的发展空间。例如，数据收集与分析使人因工程在工作效能、健康和安全等方面的研究更加精准。另外，在全球化的背景下，人因工程学和其他学科进行交叉研究能够应对更复杂的挑战。跨学科的研究不仅拓宽了人因工程学的视野，同时为人们提供更多解决问题的方法和工具。例如，社会学可以帮助人们理解文化差异对人机交互的影响，心理学可以帮助人们理解人的行为和决策过程，而环境科学可以帮助

人们评估人类活动对环境的影响。

人因工程学在未来的发展面临诸多机遇和挑战。随着技术的不断进步和人机交互复杂性的进一步增加，人因工程学将迎来更广泛的应用领域和更深入的研究课题。新兴技术领域如人工智能、大数据、物联网等为工程师提供了更多的创新空间。可持续性和环保设计也成为未来发展的重要方向，为解决环境问题和社会可持续发展提供支持。面对技术发展带来的新问题，人因工程学也存在一些挑战。例如，随着机器学习和人工智能的普及，人机交互的智能化和自主化程度提高，需要重新考虑人的角色和作用；随着大规模数字化、云计算、物联网等技术的兴起，数据安全和隐私保护成为人因工程学的重要考虑因素，如何在满足用户需求和提高效率的同时保护用户隐私和数据安全是一个亟待解决的问题等。面对这些机遇和挑战，人因工程学需要不断创新和发展，以适应快速变化的社会和技术环境。同时，加强跨学科合作和应用研究，关注伦理、安全和可持续发展等方面的问题。

1.3 人因工程学的研究内容与方法

1.3.1 人因工程学的研究内容

人因工程学的研究内容和应用范围极其广泛，人因工程学的根本研究方向还包括推动跨学科合作与创新，更好地解决人与机器、环境之间的交互问题。人因工程学研究的主要内容可概括为以下几个方面：

（1）人的生理与心理特性研究

人的生理、心理特性和能力限度，是人—机—

环境系统最优化的基础。在人与产品关系中，作为主体的人，既是自然的人，又是社会的人。对于自然人的研究包括人体形态特征参数、人的感知特性、人的反应特性以及人在工作和生活中的心理特性等；对于社会人的研究包括人在工作和生活中的社会行为、价值观念、人文环境等。研究人体特性的目的是使产品、设施、工具和用具、作业、工作场所等的设计与人的生理、心理特征相适应，从而为使用

者创造高效、安全、健康、舒适的工作条件。

（2）人机界面的设计研究

在人—机—系统中，人与机器系统是主体。人与机相互作用的过程，就是利用人机界面上的显示器和控制器，实现人与机信息交换的过程。开发研制任何产品，都存在人机界面设计的问题。而且随着信息技术的高速发展，人机界面开始由硬件人机界面向软件人机界面转移。研究人机界面的组成并使其优化匹配，产品（包括硬件和软件产品）就会在质量、造型、外观、功能及产品可用性等方面得到改善和提高，同时也会增加产品的技术含量和附加值。

（3）认知工效学研究

主要关注心理过程，研究内容包括脑力负荷、决策、工作压力、人的可靠性以及技能表现等。在智能制造下，相关研究进展包括虚实融合、信息技术减轻认知压力、技术储备等。此外，感知、模拟仿真、AI、云计算、大数据、数字孪生等技术发展的主要目的也在于提高或模拟增强人的各种认知能力，因此也属于认知工效学的研究范畴。

（4）组织工效学研究

主要关注社会技术系统的优化，包括工作设计、人员资源管理、团队合作、虚拟组织以及组织文化等内容。在智能制造系统中，相关研究进展包括组织结构扁平化、更新工作设计方式、产用融合等。

1.3.2 人因工程学的研究方法

人因工程学在其发展过程中，不断地吸收和借鉴了多学科的研究方法，包括人体科学、生物科学、心理学、控制理论、信息科学和统计学等。并利用本学科的学科特点，逐步建立和完善了一套独特的研究方法，以探讨人—机—环境三要素之间的复杂关系。人因工程学中常用的研究方法有以下几种：

（1）调查法

调查法是人因工程学中最常用的研究方法之一，包括访谈法、考察法和问卷法。它可以通过访谈、观察、问卷等形式来收集数据，获取有关研究对象的资料。

①访谈法　通过与研究对象的直接交流来了解他们的观点、态度、经验和行为等。访谈法可以采用多种形式，包括个别访谈、集体访谈、深度访谈等。

②考察法　通过实地考察，直接接触研究对象，获得第一手资料，发现人—机—环境系统中存在的问题，为进一步开展分析、实验和模拟提供资料。

③问卷法　通过设计问卷来收集数据和信息，以了解一个群体的观点、态度、行为和经验等。问卷法通常由一系列问题构成，问题可以是封闭性的，也可以是开放性的。封闭性的问题通常需要受访者选择一个或多个选项，而开放性的问题则允许受访者自由回答。问卷法的实施方式通常包括个别分发、邮寄、网上调查等。

（2）观测法

观测法是通过观察、测定和记录研究对象在不同场合下完成任务的行为来进行研究的方法。在计划观测研究时，研究者需要确定要测量的变量、观测和记录每一个变量的方法、在何种情况下进行观测、观测的时间框架等。观测法可以通过直接观察和间接观察两种方式进行。间接观察由于观测者不介入研究对象的活动中，因此可避免对研究对象的影响，保证研究的自然性和真实性。

（3）实验法

实验法是在人为控制的条件下，排除无关因素的影响，系统地改变一定变量因素，以引起研究对象相应变化来进行因果推论和变化预测的一种研究方法。实验方式分为实验室实验和自然实验两种。实验室实验是在严格控制实验条件的情况下，借助特殊的实验设备进行的。自然实验也适当地控制了实验条件，结果比较符合实际。实验中存在的变量有三种：自变量、因变量和干扰变量。自变量是实验中由研究者主动操纵的变量，通常作为实验的刺激条件或情境，用于引起被试的某些反应或行为变化。因变量是被试对自变量的反应或结果，是实验者观察和测量的变量。因变量通常是被试的一些可观测的行为或特征，研究者不能随意操纵因变量。干扰变量是在实验过程中可能影响实验结果但与实验目的无关的变量。干扰变量的存在可能会掩盖实验效应或导致实验结果不准确。因此，在实验设计中，研究者需要特别注意控制和排除干扰变量的影响。

（4）心理测量法

心理测量法（也叫感觉评价法）是一种利用人的主观感受对系统的质量、性质等进行评价和判定的方法，即人对事物客观量作出主观感觉评价。这种方法主要依赖于人的感知、情绪和认知等方面的反应，评估和判断一个系统的性能、舒适度、满足感等方面的指标。心理测量法可以提供定量的数据和结果，使得评价更为客观和准确。但主观感受的

差异和个人认知的偏差可能会影响评价结果的稳定性和可靠性。因此，在运用心理测量法时，需要采取适当的措施来控制这些因素的影响，以提高评价结果的准确性和可靠性。心理测量法有很多，在设计中常用的有测量态度或意见的李克特量表法（Likert五级评分法）、测量用户情绪的PAD量表法、PANAS量表法等。

（5）图示模型法

图示模型法是通过图形直观地表达复杂系统的各个组成部分及其相互关系的一种方法。由于它能够直观地揭示系统的本质和运作机制，因此，这种方法特别适用于那些难以用语言和文字精确描述的系统。在图示模型法中，通常会采用各种图形元素（如圆、方框、箭头等）来代表系统中的各个部分。这些图形元素的大小、形状、颜色等都可以用来表示不同元素的特征和属性。通过合理地组合这些图形元素，可以将系统内部的复杂关系和动态过程进行可视化呈现。在图示模型法中，除了应用较多的三要素图示模型外，还有其他类型的图示模型，如流程图、组织结构图、状态图等。

1.4 人因工程学在产品设计中的作用及设计案例

1.4.1 人因工程学在产品设计中的作用

在产品设计中，人因工程学起着至关重要的作用，主要体现在优化用户体验、推动产品创新、提高产品的可访问性和包容性，以及进行产品评价和优化等方面。通过考虑人的因素，帮助设计师创造出更符合人类需求和能力的产品，从而提高效率、安全性和生活质量。

（1）用户体验的优化

人因工程学强调以用户体验为核心，关注用户在使用产品时的整体体验。通过设计积极的使用体验，提高用户的幸福感和满足感。例如，研究者通过深入了解用户的认知过程、行为模式和感知能力，优化产品的操作流程、界面布局、交互方式等，提高产品的易用性和用户体验；研究者通过用户调研、观察和实验等方法，了解用户的期望、需

求和行为模式，优化产品设计和服务流程；研究者通过研究用户在产品使用过程中的认知负荷，避免过多的信息量和复杂度，降低用户的认知负担等。此外，人因工程学还注重研究用户情感体验，提高用户的满意度和忠诚度。

（2）提高产品的可靠性

人类的认知过程，包括感知、思考、学习和记忆等，这些过程直接影响人的行为和决策。人因工程学通过研究人的信息处理过程，了解人的认知特点和限制，以优化产品设计和人机交互方式。人的注意力是有限的，因此，在设计界面时需减少不必要的元素，突出重要信息，以帮助用户更快速地获取所需信息。通过优化产品设计，可以减少人为错误和失误，提高产品的可靠性。例如，在产品设计中采用容错设计、防错设计等方法，可以减少用户在使用产品时的误操作，提高产品的稳定性和可靠性。

（3）提升产品创新性

人因工程学在产品创新设计中扮演着至关重要的角色。人因工程学通过研究人的心理、行为和生理特性，可以为产品创新提供新的思路和方法。例如，通过分析用户在使用产品时的痛点和需求，可以发现新的产品功能和特点，从而推动产品的创新和发展。此外，人因工程学借鉴了多个学科的理论和方法，为产品创新设计提供了丰富的设计思路和方法，通过引入新的设计理念、技术手段和创新元素，推动产品创新设计的不断发展和进步。

（4）增强产品的包容性

人的生理特征包括身体结构、感觉器官和运动能力等，这些特征限制了人的操作范围和舒适度。不同人有不同的身体特点，如身高、手指长度和人的力量等数据不尽相同。人因工程学考虑到这些差异，设备和系统的设计尽量适应多样化的用户，提高产品的舒适度和安全性，降低使用过程中的疲劳和损伤风险。例如，汽车座椅的调节应该允许不同

身高的人找到合适的坐姿，而计算机键盘的设计应该考虑到用户手的大小等。人因工程学还关注不同用户群体的需求，包括残障人士、老年人等。通过考虑这些特殊用户的需求，人因工程学可以帮助设计师创造出更加包容的产品，使所有人都能够轻松使用。

（5）提供产品评价和优化

人因工程学可以提供科学的方法和工具来评价产品的性能和用户体验。通过收集用户反馈、进行用户测试和分析数据，人因工程学可以帮助设计师发现产品存在的问题和不足，并提供改进建议，从而不断优化产品。例如，通过用户测试、问卷调查、观察等方法，收集用户对产品使用的反馈和意见，对产品做可用性评价，评估产品是否易于使用、操作是否直观、用户是否能够快速理解和完成任务；通过用户调研、用户访谈、眼动追踪等方法进行用户体验评价，关注用户对产品的外观、界面、交互方式等设计的满意度、情感反应等；通过实验测试、数据分析等方法进行产品安全性评价、性能评价，考虑产品在使用过程中是否会对用户造成伤害或引发安全事故。在进行产品评价之后，根据收集到的反馈和意见，可以对产品的功能、安全性、易用性等进行针对性的优化。

1.4.2　办公椅设计案例解析

服务经济时代下，随着人们生活品质的提升，用户对办公椅的需求发生变化，更注重产品的体验价值，需要用服务设计的理念去解决问题。该设计将服务设计方法运用于产品设计流程中，以用户行为触点为出发点进行设计研究，即通过研究剖析用户的行为触点，寻找用户的核心诉求，来提升用户的使用体验，见图1.4-1。

（1）研究现状

近年来，社会经济快速发展，人们的消费意识

图1.4-1　办公椅设计（设计：大连工业大学学生林莹莹；指导教师：李立）

转变，生活品质的提升，促进了对个人健康的重视，办公椅的需求保持稳步增长状态。随着物联网、大数据、人工智能的发展，智能化办公系统逐渐流行，将新的科学技术与设备引入，优化办公环境，为缓解员工身体的疲劳，给员工带来便利的同时能促进企业产生更大的效益，成为大势所趋。选择一张好座椅，提高员工办公效率的同时，也成为员工身心健康的重要保障。

（2）办公椅用户行为触点研究

①用户调研

如今，办公室职员们的工作任务持续增加，忙碌程度持续增强，社会上对办公群体相关研究的重视程度也明显增强。办公椅用户行为接触点的设计研究包括用户行为研究与行为触点分析这两大方面。通过问卷调研，获得办公族用户基本资料、办公模式、办公椅以及目前座椅的使用体验的市场数据，进行痛点分析；其次根据问卷反馈选择目标用户进行深度用户访谈，深入探究用户的初步需求。调研框架如图1.4-2所示。

通过基本资料部分问题的问卷反馈得知：在参与问卷的职业类型中（图1.4-3），从事技术岗位（工程师、设计师、程序员、科研人员等）、服务岗位（行政、财务、人力、客服等）与管理岗位的用户占大多数，样本原则上应更多考虑久坐的行业，因此问卷中多数人员从事岗位需久坐，符合本案研究方向。

用户目前使用的办公椅调查结果显示（图1.4-4），使用最多的是带扶手的滚轮办公椅（图1.4-5）。这类办公椅外观简洁，符合大部分办公空间的风格要求；组装灵活，方便运输；挪动便捷，易用性强；在只需要满足基本坐的功能情况下，性价比较高，也是目前选择人数最多的一款。

通过问卷调研反馈数据笔者可以分析用户的办公姿势，调查结果中占比最多的四种坐姿有正襟危坐、前倾、后靠、同时使用两种设备（手机、电脑、手绘板等）（图1.4-6），不同的姿势会造成用户不同位置的不适感，正襟危坐、前倾、后倾都会导致脖子、肩膀、腰部不舒服，且不适的程度也有所不同。

图1.4-2　用户调研框架

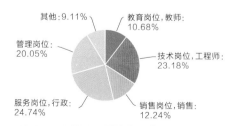

您从事的职业类型？
答题人数：384人

其他：9.11%
教育岗位，教师：10.68%
管理岗位：20.05%
技术岗位，工程师：23.18%
服务岗位，行政：24.74%
销售岗位，销售：12.24%

图1.4-3　职业类型问卷调查结果

您目前常用的办公椅的类型为？
答题人数：384人

老板椅：10.16%
人因工学椅：8.07%
一般固定椅：19.27%
一般滚轮椅：3.91%
滚轮扶手调试椅：58.59%

图1.4-4　常用办公椅类型问卷调查结果

◇一般固定椅　◇一般滚轮椅　◇滚轮扶手调试椅　◇人因工学椅　◇老板椅

图1.4-5　用户常用的办公椅类型

图1.4-6　用户常用办公坐姿

随着久坐时长的变化，人体感受到的不适程度逐渐加剧（图1.4-7），尤其是腰部的不适感在5小时以下与脖子的不适感相当，但超过12小时以后则远远大于脖子的不适感。肩膀的不适感随着时间的变化逐渐减轻，但臀部不适感会加重，且全身酸痛明显。

"使用办公椅过程中，对办公椅有哪些不满意的地方？"这一调查结果显示，用户对办公椅功能不满意的地方主要是座椅承托性差，臀部坐感压力大，透气性差以及接触面硬等问题（图1.4-8）。身体没有得到很好的承托是用户感到最不满意的地方，是导致身体部位不适的原因之一。

通过对问卷调查结果的整理，对用户的基本资料、办公椅类型、基本坐姿和不满意点进行分析，有助于理清下一步用户访谈调研内容的思路，为之后总结痛点与获取用户初步需求提供依据。

②用户访谈调研

用户访谈是以同理心进行访谈获取用户信息的方法，是对用户的定性研究，也是常见的用户调研方法之一。基于前期调研问卷信息，用户访谈提纲如表1.4-1所示，不断迭代的过程中会增加一些更具体的问题，有助于理清思路，建立用户模型，进行产品定义，获取用户初步需求。

根据访谈时的记录以及录音文件，对访谈信息进行汇总。由于文章篇幅有限，提取了两位符合研究的访谈用户反馈信息进行归纳汇总，汇总信息如表1.4-2所示：

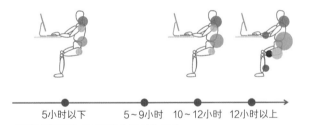

5小时以下　　5~9小时　　10~12小时　　12小时以上

图1.4-7　用户久坐不适部位变化

承托性差　　臀部坐感压力大　　透气性差　　接触面硬

图1.4-8　用户对办公椅不满意部位的调查结果

表1.4-1　　　　　　用户访谈提纲

问题类型	问题描述
对健康指标的关注	1. 您之前有用过健康或者运动类的智能产品或App吗？ 2. 是什么样的App?为什么会喜欢它？ 3. 对您来说，哪个数据最重要，或者说不可缺？
工作性质/强度	1. 最近工作忙吗？需不需要加班？ 2. 您一般连续坐多少小时？ 3. 工作任务重时，坐的时长跟平时有无差别？ 4. 离开座位一般会多久？（久坐间隔频率）
身体情况及对办公椅评价	1. 是一段时间间隔性不舒服还是下午会持续不舒服？ 2. 您可以示范一下平时的坐姿吗？ 3. 这么坐是办公使用更方便/办公装备限制/身体感觉更舒服，还是随机呢？ 4. 您有被职业病困扰的情况吗？ 5. 您觉得产生这些不适跟什么有关？ 6. 身体不适时您有自己的解决方式吗？ 7. 您有没有买一些办公小道具缓解？效果如何？有没有不满意的地方？ 8. 您对这些办公椅还有什么不满？ 9. 在调节座椅上有没有遇到什么问题？
午休	1. 您一般有午休吗？ 2. 在哪里休息？ 3. 是否方便示范一下姿势？ 4. 您有额外购买辅助午睡的产品吗？使用感受如何？ 5. 回忆上次您睡得最好的时候，是什么感觉？下午起来状态如何？

表1.4-2　　典型用户反馈信息

用户		基本信息	坐姿	痛点		调节方式	设计需求
				办公时	午休时		
使用者	淡女士 28岁	岗位：会计 体型：中等 有无加班：较少 最近久坐时长：3~4h 职业病：肩颈酸疼、眼睛疲劳	前倾、后靠、拿起设备后倾	感觉座椅闷，不透气，久坐肩颈酸胀	另购躺椅	离开座位走动，网红肩颈健身操，肩颈按摩器具	久坐时长提醒，坐姿矫正，午睡私密性
	管先生 36岁	岗位：人力 体型：微胖 有无加班：经常 最近久坐时长：1~2h 职业病：颈椎病	后靠、歪着坐	没有贴合到身体部位，腰部支撑无法调节	趴在桌子上，半睡半醒，手麻，半仰躺，拼装脚蹬	更换姿势，简单拉伸，另购腰靠	腰部有贴合度高的支撑，方便午睡，坐姿提醒

关于用户对座椅功能需求的访谈记录中，座椅的承托性反馈占比最高，说明是用户最在意的性能也是用户的普遍需求点。被提及的频次越高的功能

属性，是受众越普遍的需求，应该重点研究，解决问题，而被提及频次较低的功能属性，则可能成为用户的潜在需求。对用户调研结果进行分析，可以得出用户的痛点，总结用户初步需求。用户痛点小结如图1.4-9所示。用户缓解痛苦的方式及初步需求如图1.4-10所示。

（3）用户行为触点获取

根据问卷调研中对用户坐姿的分析以及访谈调研中对用户的反馈信息记录，以研究得到的目标用户的基础资料为基础，以初步需求为依托，以痛点归纳为切入点，选择典型用户的资料，将文字信息进行用户画像可视化搭建人物基础模型。再利用移情地图洞察用户的生活，通过用户的所闻所见所想所做的内容，更深入地挖掘用户的行为触点，体会用户的痛点、目标和收获，抓住问题本质，为后期帮助用户摆脱问题寻找切入点。

①用户画像

基于对现实用户物理行为的了解，对用户的相

图1.4-9　用户痛点小结

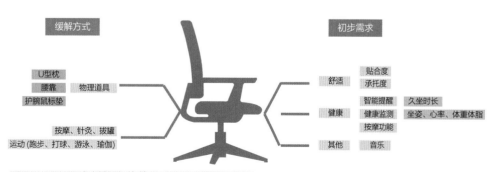

图1.4-10　用户缓解痛苦的方式及初步需求总结

关素材进行分类、筛选、归纳，按照用户类型、基本资料、相关物品进行汇总。不同类型的用户特征有利于帮助设计师对产品使用群体进行定位，梳理产品功能需求思路，如表1.4-3所示。

表1.4-3　　　　　　　　　　　　　　　　　　用户画像

用户类型	典型用户一 久坐族	典型用户二 久坐族	典型用户三 久坐族	特殊用户一 辣妈	特殊用户二 腰椎疾病患者
用户画像					
用户描述	程序员由于工作性质导致很多的职业病，他更加关注坐姿、坐感压力等对身体健康的影响。因此在舒适度和贴合程度上要求极高，智能检测数据要更加清晰准确	身材高大的男性在桌面高度固定的情况下，需要降低座椅高度，但这样久坐腿部会有不适，因此会购买很多小道具去支撑。午休时对头枕的位置以及对扶手的宽度有很高需求	身材娇小的女性在桌面高度固定的情况下，会升高座椅高度，但会导致脚接近悬空的状况。同时对于仪态的重视程度更高，因此对座椅坐姿较为关注。同时女性在调节座椅时也受到身高和力量的限制。在坐姿和易用性上需求较高	辣妈作为一个特殊人群，由于生产会导致腰椎疾病，对办公椅要求更高，同时她们更加注重心率、血压和血脂的数据	早期就有腰疼的症状，工作久坐更加剧不适。对座椅的要求更高，腰部的承托性和贴合性比较重要，夏天对透气性要求更高。午休时需要有脚托和头枕

②用户移情地图

用户移情图的制作可以帮助设计师与用户产生共鸣，发现用户研究的不足，探究用户潜在的需求，理解用户的偏好、行为与在意点。如图1.4-11所示。

图1.4-11　用户移情地图分析

③用户行为触点整理

针对获取的用户行为触点进行梳理，运用服务设计工具洞见地图和用户体验地图对用户行为触点进行串联。通过洞见地图，可以了解用户的痛点；制作用户体验地图，可以直观地看到用户在各个环节的情绪变化，有利于筛选触点，定义用户需求。

用户体验地图是用户在使用产品整个流程中记录行为与情绪的一种方式，是设计师探究用户在整个活动环节中出现的问题与满意点的一种方法，可以更好地梳理、提炼关键的用户行为触点，将其转换为设计实践中的改进点和机会点，如图1.4-12所示。基于用户调查结果中显示较高的需求偏好——午休功能，笔者制作了针对女性午休环节的用户体验地图，如图1.4-13所示。个性化的定制服务，增强用户对产品的黏度。

通过用户问卷调研、访谈调研等方法，分析用户坐姿、获得用户模型，得到用户不同频次关注的功能需求。结合两种调研方式，初步得到用户痛点与需求点，以及用户缓解痛点的方式。用户行为触

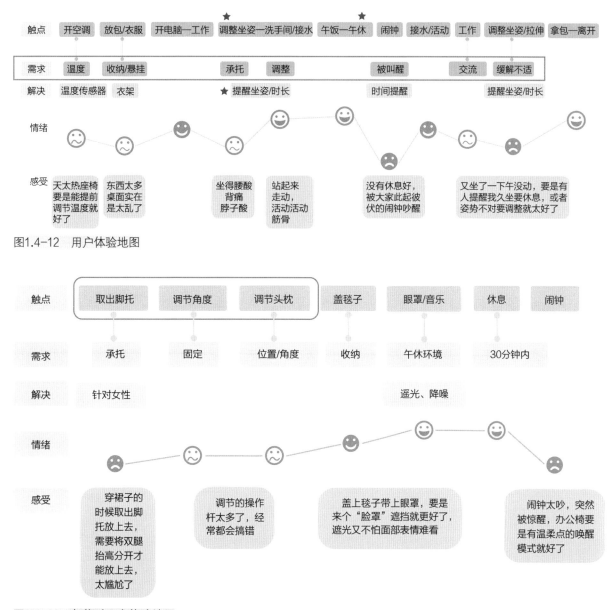

图1.4-12　用户体验地图

图1.4-13　午休时用户体验地图

点获取通过用户画像与移情地图，得到大部分用户行为触点，梳理用户行为的痛点，最后通过用户体验地图，提炼用户的显性与隐性需求。归纳所有问题点，将其转换为设计切入点，为下一步触点品质分析及优化提供依据。

（4）办公椅触点品质分析及优化

①办公椅触点品质分析

对获取的用户行为触点进行需求转换，提炼关键用户触点，并将用户需求进行细分，归纳为以下9个功能需求并按重要程度排序，如表1.4-4所示。

②办公椅服务触点品质优化

办公椅触点品质的优化是通过对现有触点的优化与引入新的触点来实现的。根据功能需求开展以下三个方面的设计研究：腰部承托可以调节、办公椅有头枕和办公椅有脚托。触点品质优化细分如表1.4-5所示。

表1.4-4　　用户功能需求汇总表

排名	需求内容
1	办公椅有头枕
2	办公椅有脚托
3	头枕可以调节角度
4	后倾角度大于110°
5	腰部承托可以调节
6	座深可以调节
7	午休有遮挡功能
8	有坐姿监测或矫正功能
9	有久坐时长提醒

表1.4-5　　触点品质优化细分表

触点品质优化	产品功能	过程支持	实现方式
a. 现有触点优化	腰部承托可以调节	气囊式、四维支撑、蝶翼式双支撑、弧形、单片式、点阵式、仿生鱼骨	硬件
	有头枕	与靠背一体式、与靠背分离式、搭配配件	硬件
	午休有脚托	抽拉、抽拉后上翻、折叠、按键式、滑竿滑槽、反弹	硬件
b. 引入新触点	坐姿监测或矫正	压力传感器、疲劳监测	硬件+软件
	午休有遮挡	遮光板、折叠遮挡	配件
	后倾角度大于110°	零重力、角度调节系统	技术实现
	久坐时长提醒	计时、时间提醒装置	硬件+软件

（5）办公椅设计实践

①产品市场分析

通过市场调研了解目前国内外产品的风格、品牌宣传以及产品发展趋势，以便设计师能在短期内了解行业概况以及产品信息，并对目标产品进行风格定位以及提供专业建议。收集竞品资料，根据产品特点来分析优劣势，根据智慧功能来分析产品技术，根据客户群体来分析市场占有率。竞品分析具体内容如表1.4-6所示。

表1.4-6　　　　　　　　　　　　　竞品分析

品牌	特点	智慧功能	客户群体	图片
联友	腰背分离，可调节扶手，单杆操纵底盘，可折叠伸缩脚托	高科技仿生设计，结合仿生脊椎骨和仿生椎间盘，实现人类复杂的脊椎结构和功能，腰部带弹性可以适应人体	可口可乐、华为、腾讯、香港机场、中国银行、湖南电视台、当当网等	
美时	可弯曲背翼，贴合人体脊椎三个曲度，适合亚洲人体型	Verta独特的V型叉骨状可以贴合承托人体脊椎	宝马、古驰、索尼、中电、中信、阿里巴巴、华为、德邦、飞利浦、英国保诚	
震旦	模块化，多种颜色、不同配件可选，适应不同的办公室风格	智能线控全网椅：通过按钮来调节座高、倾仰、座深	四川航空、中信、人寿、国文医院、重庆大学、农商银行	
赫曼米勒	点阵式承托，有利于血液循环，贴合脊椎，外观独特	椅背可以依据不同用户的不同动作，主动调节，使用户在工作时保持轻松的姿势，不需要再去调整	欧莱雅、通用电气航空公司、ALDO、佳能、飞利浦、American Express、泰国汇商银行	

通过竞品分析得出，国外竞品更加注重人因工程学在椅子设计中的应用，在产品的造型上更注重简约，在面料的选择上追求更强的承托性。国内的竞品在外观设计上更加大胆，色彩多样，比较注重产品的宣传和市场占有率。产品使用过程和操作交互，体验主要分为静态、动态舒适感，静态舒适感体现在产品支撑和贴合身体的能力和材料带来的舒适度，动态舒适感体现在产品适应不同姿势变化的能力。目前办公椅的功能多样，但是带有智能模块的办公椅发展还处于初期，有很大的发展空间。

②产品装置结构分析

座椅的结构可以分为：头枕、靠背、扶手、座椅、脚托、五角轮，而调节方式与造型样式可以进行细分，如表1.4-7～表1.4-12所示。

表1.4-7　　　　　　　　　　　　　　　椅背后倾调节方式

方式	向下拨动操作杆	向上拨动操作杆后倾调节，手松时锁定	向上抬操作杆后倾，向下按时锁定	向前拨动操作杆后倾，向前锁定	向后拨动操作杆后倾，手松时锁定	拨动扶手下方调节片后倾，手松时锁定
评价	操作合理，有两档可调	操作稍麻烦，够不着，费力	操作费劲，够不着	回弹锁定比较合理，但操作麻烦	操作合理，需俯身	操作合理，无需俯身
频次	1~2	2~3	2	2	1	1
图示		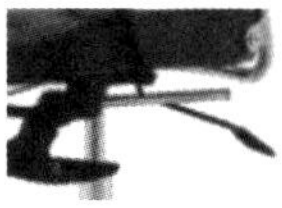				

表1.4-8　　　　　　　　　　　　　　　座椅高度调节方式

方式	万向调节杆	向下压操作杆	向上抬操作杆	拨动扶手下方调节
评价	操作独特，指示不明确，需尝试	操作不合理，容易够不着	操作合理，需俯身	操作合理，无需俯身
频次	2~3	2~3	2	2
图示				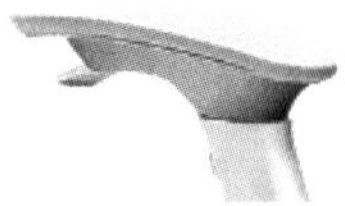

表1.4-9　　　　　　　　　　　　　　　座椅头枕类别

类别	与靠背一体式		与靠背分离式		无头枕
评价	椅子整体太大，承托不够	整体感较强，有承托，高度不可调	整体感较差，承托性好，可调节	整体感较好，承托性好，可调节	整体感好，有承托，高度不可调
调节	不可调	不可调	前后、高度、角度均可调节	前后、高度、角度可调节	无
材质	绒布，PU	网面	网面	网面	网面
频次	不可调	不可调	2~3次	2~3次	不可调
图示			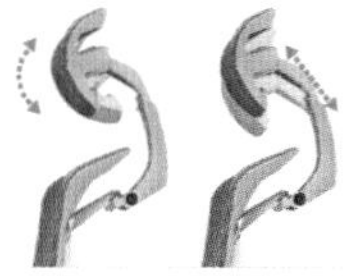	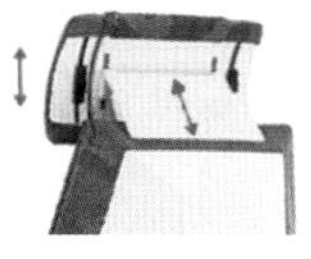	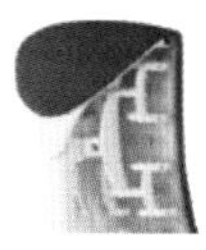

表1.4-10 扶手类别

类别	扶手连接椅背	扶手连接椅面	扶手连接椅面	扶手联动
调节	向上翻转90°	上下、左右、前后可调	不可调	不可调节，但是会随着椅背后倾角度的变化联动调节
评价	可解决桌面较矮问题	最常见类型，可以调节到一个舒适程度	常见类型	午休后靠时很方便
图示	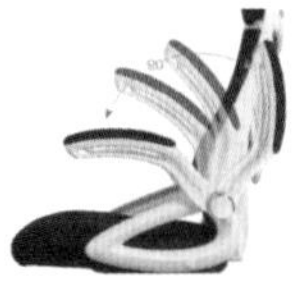			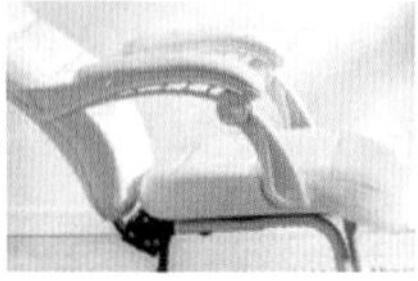

表1.4-11 腰托类别

类别	固定式腰托	四维支撑	蝶翼双支撑	单片式腰托	弧形腰托
调节	不可调节	上下、前后可调节	上下可调节	上下可调节	前后弹性可调
图示	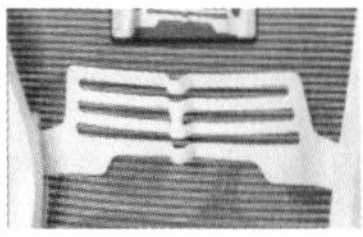	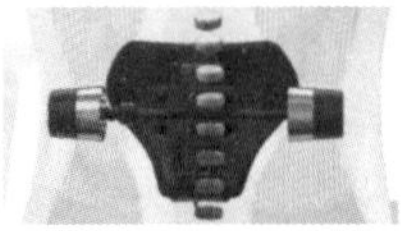	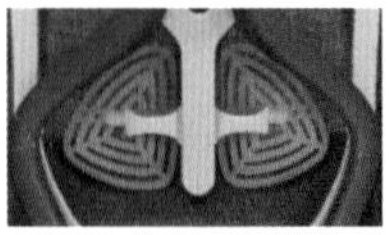	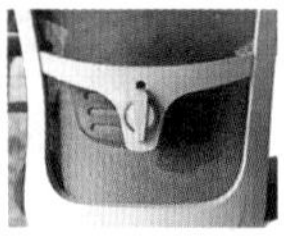	
类别	点阵式腰托	搭配配件	仿生鱼骨	双背承托	
调节	无需调节	手上下调节	全方位可动腰托	左右自动跟踪	
图示					

表1.4-12 脚托类别

类别	抽拉后上翻		折叠	按钮	抽拉
操作	滑竿拉出	滑槽拉出	不需要抽拉，直接翻开折叠面板	一键式	双手抽出
评价	结构简单，抽拉不够顺滑，抽出后需要上翻，对女生不太友好	片式拉杆，承托面积较大	成本较高，结构复杂	拉杆间距小，易于侧腿时抽出	
图示	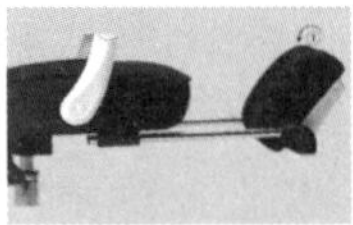				

总结分析各个部位的结构，头枕是用户颈部承托的重要结构，建议采取可调节的，能满足不同体格身高用户的诉求；扶手的用户需求敏感度不是很高，建议采取固定式的，整体感较强；腰托的调节可满足不同身高、不同体型人群的曲度贴合需求，可以采用记忆气囊或者成型感知网面技术，能更好地贴合人体背部；脚托调节突破以往方式，参考反弹式抽屉的结构，在操作时易用性更好，并且片状式的承托更舒适；而后倾角度的调节，在综合分析后，为了使用户易用性更好，采取智能按键模式。根据综合评价比较推荐的装置结构如表1.4-13所示。

表1.4-13　　　　　　　　　　　　　　　　推荐的装置部件

部件	头枕	扶手	腰托	脚托
材质	①PU皮/皮质+定型海绵 ②高密度网布	网面+海绵填充/PU皮/尼龙	海绵填充/尼龙	网面+海绵填充/PU皮
调节	高度、角度、前后均可调	固定式扶手	可简单调节	长度调节
频次	3	0	0~3	2
尺寸/mm	长：250~310 宽：150~190	长：240~360 高：210~220	—	长：370~450
评价	可以满足各种人的需求，对颈部很好地承托	整体感更强	上下调节可以满足不同身高人群的需求	反弹式易用性好，片状式承托更舒适
图示				

③办公椅的交互分析

办公椅的智能模块应该考虑到交互分析。根据产品使用特性，交互过程可以分为办公模式与午休模式。模拟用户在办公室一整天的活动，根据不同环节的用户行为可以依次列出前台工作、后台工作所需要的过程支持，在用户处于办公模式时，对办公椅交互功能做出分析。观察图片可以得知，用户在办公时，所需要的交互模块有久坐时长提醒、疲劳监测系统、坐姿监测。交互方式可采用向后轻摇、震动提醒或呼吸灯闪烁。在办公椅处于午休模式时，需要的交互模块有闹钟定时设置、时间提醒装置以及蓝牙音乐等。

④产品造型风格分析

为了更好地定位办公椅造型风格，针对现有产品风格进行分析，如图1.4-14所示。办公椅主要风格可以分为简约款、中规中矩的传统款、结构层次较强的和看起来更具有科技感的风格。在综合分析用户需求与办公空间风格定位之后，选择简约偏科技感的风格为外观设计主要方向。

（6）办公椅设计方案

根据前期设计线索，可以得出这把办公椅造型风格简约偏科技风，在装置结构上，头枕、腰靠均可调节，午休时后倾角度需要大于110°，并且有脚托和面部遮挡功能，调节方式易用性好。在智能方面，连接手机App可提供久坐时长提醒、坐姿监测或矫正，以及午休闹钟设定功能。座椅主要分为三个部分，如图1.4-15所示，第一部分为座椅背部，器件包含头枕、腰靠及遮光板；第二部分为承重部分，器件包含坐垫、脚托及主要电动结构安装处；第三部分为五角轮盘底座，用户对此部分要求较低，故采用市场标准件，不另外对该部分进行外观设计。座椅整体包裹性强，外壳为银灰色铝合金材质，时尚、简约、大气，内里为深灰色，材质由网布加高密度海绵组成，舒适、透气、易于打理。

座椅尺寸根据人机工程学，座深为420mm，坐宽为510mm，如图1.4-16所示。头枕大小为280mm×150mm，腰靠大小为360mm×265mm，头枕上下移动位移距离为60~80mm，可以满足不

图1.4-14 办公椅设计风格

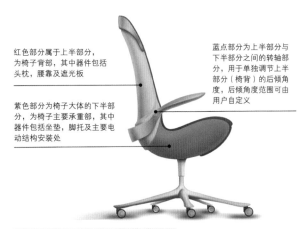

红色部分属于上半部分，为椅子背部，其中器件包括头枕，腰靠及遮光板

蓝点部分为上半部分与下半部分之间的转轴部分，用于单独调节上半部分（椅背）的后倾角度，后倾角度范围可由用户自定义

紫色部分为椅子大体的下半部分，为椅子主要承重部，其中器件包括坐垫，脚托及主要电动结构安装处

图1.4-15 办公椅主要构成部分

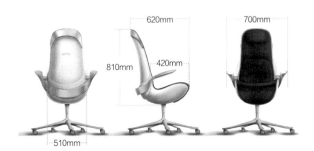

图1.4-16 办公椅尺寸示意图

同身高人群对头枕的需求，腰靠由气囊充气，依靠扶手侧面的按键进行自由调节。办公椅的工艺说明如图1.4-17所示。整体配色以银灰加黑白色为主，时尚大气。

前期研究中发现，不少用户反映座椅调节杆操作不明确，调节杆位置多分布于座椅底下，不在可视区，容易误操作。因此，本款座椅的操作调节采用智能化按键，位置在扶手侧面，用户可以直观操作，轻松驾驭，如图1.4-18所示。扶手环绕椅背呈彩带形，按键分为工作模式与午休模式切换、头枕调节、腰靠调节、后倾角度调节。当按下午休模式按键时，椅子便自动调节后倾角度，并弹出脚托。智能模块增加的充电模式，分为取出充电与磁吸充电两种方式，如图1.4-19所示。

整体的后倾角度依靠座椅底部的轨道滑动进行调节，来满足更多睡姿的需求。嵌入式脚托，使用时从座椅底下弹开的设计改变了以往女性在夏季穿裙子时需要从两侧抬高腿才能放置在脚托上的尴

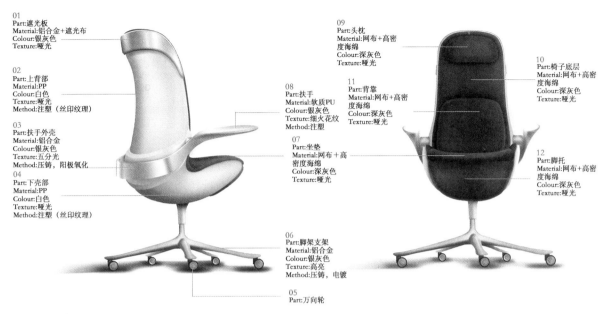

01
Part:遮光板
Material:铝合金+遮光布
Colour:银灰色
Texture:哑光

02
Part:上背部
Material:PP
Colour:白色
Texture:哑光
Method:注塑（丝印纹理）

03
Part:扶手外壳
Material:铝合金
Colour:银灰色
Texture:五分光
Method:压铸，阳极氧化

04
Part:下壳部
Material:PP
Colour:白色
Texture:哑光
Method:注塑（丝印纹理）

09
Part:头枕
Material:网布+高密
度海绵
Colour:深灰色
Texture:哑光

08
Part:扶手
Material:软质PU
Colour:银灰色
Texture:细火花纹
Method:注塑

07
Part:坐垫
Material:网布＋高
密度海绵
Colour:深灰色
Texture:哑光

11
Part:背靠
Material:网布+高密
度海绵
Colour:深灰色
Texture:哑光

10
Part:椅子底层
Material:网布+高密
度海绵
Colour:深灰色
Texture:哑光

12
Part:脚托
Material:网布+高密
度海绵
Colour:深灰色
Texture:哑光

06
Part:脚架支架
Material:铝合金
Colour:银灰色
Texture:高亮
Method:压铸，电镀

05
Part:万向轮

图1.4-17　工艺说明

尬，也使办公椅整体感更强，更加简约。通过扶手按键调节椅背后倾角度，可操作性更强，有效改善用户使用体验。座椅靠背可调节后倾角度为20°～35°。当处于午休模式时，脚托打开的角度为65°，长度为323mm。座椅角度调节如图1.4-20所示。

　　折页式遮光板作为模块配件的一部分，可根据用户需求配置，遮光板材质为铝合金加遮光布，不用时也可以拆卸，安装及使用方法如图1.4-21所示。在午休时，将遮光板向上滑动，翻转调节位置，折页式设计，展开可自由选择遮挡面积，顶部通透，整体看起来更加轻盈。

　　办公椅的方案设计，首先，分析了办公椅的发展前景与竞品；其次，根据前文研究得来的

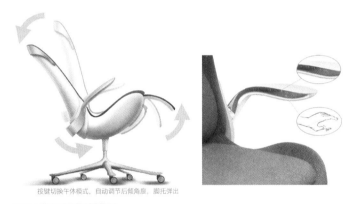

按键切换午休模式，自动调节后倾角度，脚托弹出

图1.4-18　座椅扶手

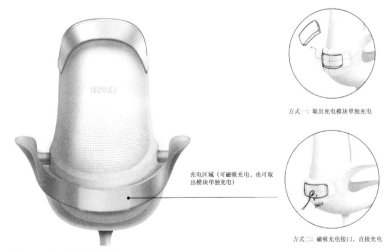

BRAND

充电区域（可磁吸充电，也可取出模块单独充电）

方式一：取出充电模块单独充电

方式二：磁吸充电接口，直接充电

图1.4-19　充电模式

必备型、期望型以及魅力型的部分功能，对市场现有产品的装置结构分别进行分析，挑选适用于方案的设计点；接着，根据用户不同模式下的服务蓝图分析产品的交互过程；并对产品的造型风格进行分析与选定，通过对前期研究的总结，展示方案设计效果图，从而完成设计实践。

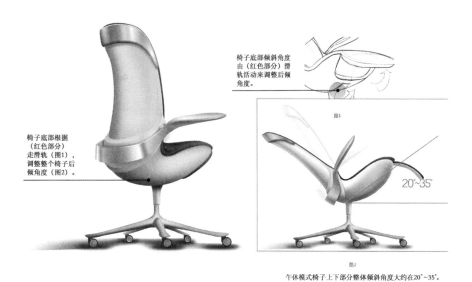

椅子底部倾斜角度由（红色部分）滑轨活动来调整后倾角度。

图1

椅子底部根据（红色部分）走滑轨（图1），调整整个椅子后倾角度（图2）。

20°~35°

图2

午休模式椅子上下部分整体倾斜角度大约在20°~35°。

图1.4-20　座椅角度调节

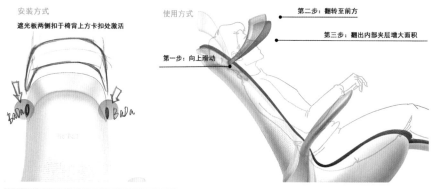

安装方式

遮光板两侧扣于椅背上方卡扣处激活

使用方式

第二步：翻转至前方

第三步：翻出内部夹层增大面积

第一步：向上滑动

图1.4-21　遮光板安装及使用方式

复习题

1. 简述人因工程学的发展历程。

2. 人因工程学的研究方法有哪些？

3. 人因工程学在产品设计中有哪些作用？

思考分析题

1. 在生活中寻找和发现使用体验不佳的产品，运用人因工程学的理论进行分析，并尝试提出改良方案。

2. 随着新兴技术的不断发展，你认为在产品设计中，设计师面临哪些机遇与挑战？

第2章
人体测量与数据运用

2.1 人体测量的基本知识

人体测量学（Anthropometry）是人类学的一个分支学科。主要研究人体测量和观察方法，并通过人体整体测量与局部测量来探讨人体的特征、类型、变异和发展。从人因工程学角度来讲，人体测量学是人因工程学的主要组成部分。在设计时，要使人与产品（或设施）相互协调，就必须对产品（或设施）同人相关的各种装置作适合于人体形态、生理以及心理特点的设计，让人在使用过程中处于舒适的状态和方便地使用产品（或设施）。为此，设计师必须知道人体部分外观形态特征及各项测量数据，包括人体高度、重量，人体各部分长度、厚度、比例及活动范围等。

2.1.1 人体测量的基本术语

《人体测量术语》（GB 3975—1983）和《人体测量方法》（GB 5703—1985）规定了人机工程学使用的人体测量术语和人体测量方法，适用于成年人和青少年借助人体测量仪器进行的测量。标准规定，只有在被测者姿势、测量基准面、测量方向、测点等符合下列要求的前提下，测量数据才是有效的。

（1）测量姿势

人体测量的主要姿势分为两种：

①立姿：被测者挺胸直立，头部以眼耳平面定位，双目平视前方，肩部放松，上肢自然下垂，手伸直，手掌朝向体侧，手指轻贴大腿侧面，膝部自然伸直，左、右足后跟并拢，前端分开，使两足大致成45°夹角，体重均匀分布于两足。为确保立姿姿势正确，被测者应使足后跟、臀部和后背部与同一铅垂面相接触。

②坐姿：被测者挺胸坐在被调节到腓骨上端高度的平面上，头部以眼耳平面定位，双目平视前方，左右大腿大致平行，膝大致屈成直角，足平放地面上，手轻放在大腿上。为确保坐姿正确，被测者的臀部、后背部应同时靠在同一铅垂面上。

无论采取何种姿势，身体都必须保持左右对称，由于呼吸而使测量值有变化的测量项目，应在呼吸平静时进行测量。

（2）测量基准面

人体测量的基准面主要有矢状面、冠状面和水平面，它们是由相互垂直的三个轴（铅垂轴、纵轴和横轴）来定位的（图2.1-1）。

①矢状面：通过铅垂轴和纵轴的平面及与其平行的所有平面都称为矢状面。在矢状面中，把通过人体正中线的矢状面称为正中矢状面。正中矢状面将人体分成左、右对称的两个部分。

②冠状面（或额状面）：通过铅垂轴和横轴的平面及与其平行的所有平面都称为冠状面。冠状面将人体分成前、后两部分。

③水平面：与矢状面和冠状面同时垂直的所有平面都称为水平面。水平面将人体分成上、下两部分。

④眼耳平面：通过左、右耳屏点及右眼眶下点的水平面称为眼耳平面（又叫法兰克福平面）。

（3）测量基准轴

①铅垂轴：通过各关节中心并垂直于水平面的一切轴称为铅垂轴。

②纵轴（或矢状轴）：通过各关节中心并垂直

于冠状面的一切轴称为纵轴。

③横轴（或额状轴）：通过各关节中心并垂直于矢状面的一切轴称为横轴。

（4）测量方向

①头侧端与足侧端：在人体上、下方向上，将上方称为头侧端，将下方称为足侧端。

②内侧与外侧：在人体左、右方向上，将靠近正中矢状面的方向称为内侧，将远离正中矢状面的方向称为外侧。

③近位与远位：在四肢上，将靠近四肢附着部位的称为近位，将远离四肢附着部位的称为远位。

④桡侧与尺侧：在上肢上，将桡骨侧称为桡侧，将尺骨侧称为尺侧。

⑤胫侧与腓侧：在下肢上，将胫骨侧称为胫侧，将腓骨侧称为腓侧。

2.1.2　人体测量数据分类

人体形态测量数据主要有两类，即静态人体尺寸（或称人体构造尺寸）和动态人体尺寸（或称人体功能尺寸）。

（1）静态人体尺寸测量

静态人体尺寸测量是指被测者静止地站着或坐着进行的人体尺寸测量。静态测量的人体尺寸可作为工作区间大小、家具、产品界面元件以及一些工作设施等的设计依据。

（2）动态人体尺寸测量

动态人体尺寸测量是指被测者处于动作状态下所进行的人体尺寸测量。动态人体尺寸测量的重点是人在执行某种动作时的身体动态特征尺寸。

2.1.3　人体尺寸的测量方法

人体尺寸测量的方法主要有以下三种：普通测量法、摄影法、三维人体测量法。

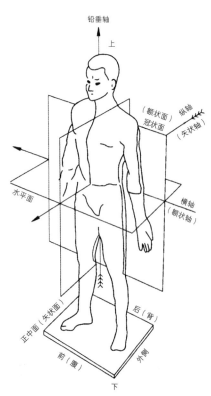

图2.1-1　人体测量的基准面和基准轴

（1）普通测量法

在人体尺寸参数的普通测量法中，所采用的人体测量仪器有：人体测高仪、人体测量用直脚规、人体测量用弯脚规、人体测量用三脚平行规、坐高仪、量足仪、角度计、软卷尺以及医用磅秤等（图2.1-2）。我国对人体尺寸测量专用仪器制定了标准，而通用的人体测量仪器可采用一般的人体生理测量的有关仪器。

（2）摄影法

摄影法测量人体尺寸参数，是利用摄像机与带光源和坐标的投影板等仪器获取测量数据。首先，布置背板网格（1cm×1cm）或粘贴坐标纸，并准备多部相机，多角度对一个身体尺寸或动作拍摄（调查动作特征时，可以拍摄动态录像）。在测量中，要保证如图2.1-3中1（背板）与2（摄像机）的距离大于10倍的1（背板）的高度，以确保测量结果的准确性。开始测量时，一位测试者做文字记录，记录被拍摄、被调查者的主观不舒适区域的阐

述。测量结束，电脑整理，分析规律分布。

（3）三维人体测量法

这是目前常用的一种测量方法。通过使用光学技术结合光传感器装置，不接触人体就能捕获人体表面的数据。通过多个信息采集器进行多角度的信息采集，每个信息采集器获得不同的人体点云数据（图2.1-4）。将采集的信息处理后通过计算机进行图像的拼接，得到完整的人体三维模型。这种数据采集方法运用较广，尤其是特殊装备的数据采集，如：特种服装设计（如航空航天服、潜水服），人体特殊装备（人体假肢、个性化武器装备）等。

2.1.4 人体测量数据的主要统计处理

（1）正态分布

正态分布是最常见、应用最广的一种重要的连续型分布。分布曲线若出现"两头小、中间大、左右对称"的情况，像"钟"形，就称这样的分布为

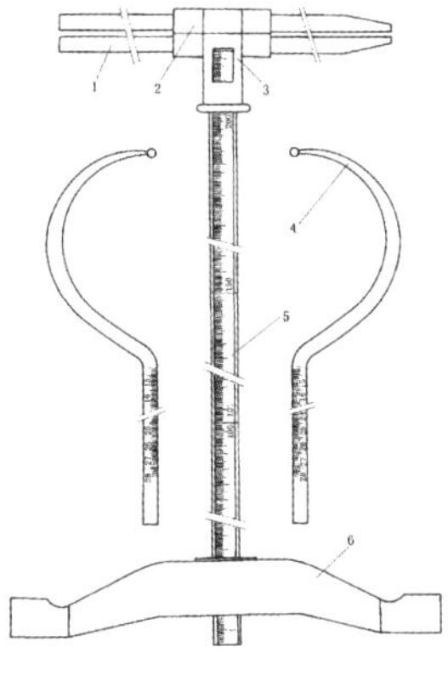

a 人体测高仪 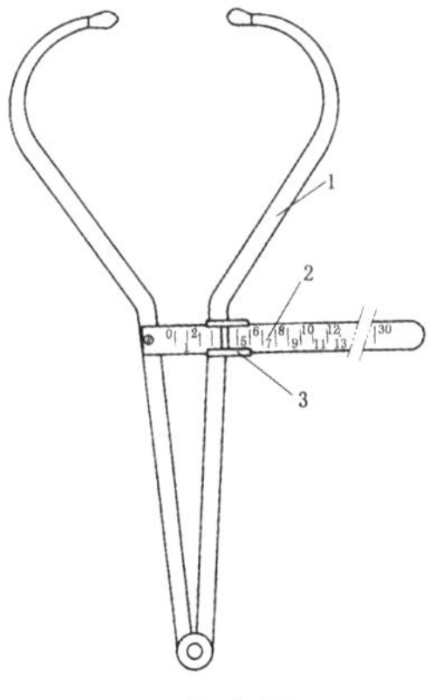　　　　b 弯脚规

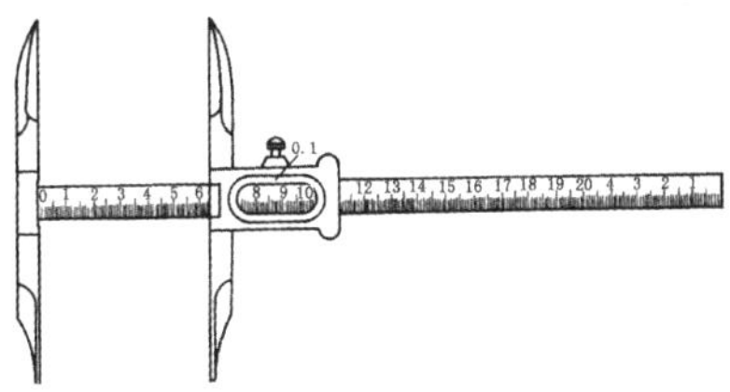

c 直脚规

图2.1-2　常用人体测量仪器

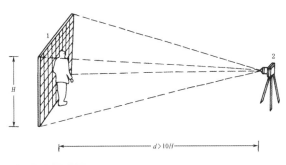

图2.1-3　摄影法

图2.1-4　人体三维扫描仪

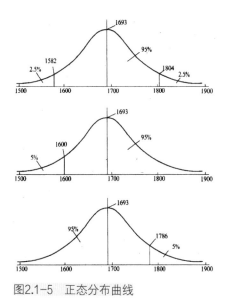

图2.1-5 正态分布曲线

正态分布。人体尺寸一般都是正态分布（图2.1-5）。

（2）总体和样本

在实际测量和统计分析中，总是以样本来推测总体，而在一般情况下，样本与总体不可能完全相同，其差别就是由抽样引起的。抽样误差值大，表明样本均值与总体均值的差别大；反之，说明其差别小，即均值的可靠性高。

（3）均值和标准差

用数字方法来描述一个分布，必须用到两个重要的统计量：均值和标准差。前者表示分布的集中趋势，后者表示分布的离中趋势。

（4）适应域、百分位和百分位数

①适应域：一个设计只能取一定的人体尺寸范围，只考虑整个分布的一部分"面积"，称为"适应域"，适应域是相对设计而言的，对应统计学的置信区间的概念。适应域可分为对称适应域和偏适应域。对称适应域对称于均值；偏适应域通常是整个分布的某一边。

②百分位和百分位数：百分位用百分比表示，表示设计的适应域，称为"第几百分位"。如果已知某分布的均值和标准差，就可计算适应域对应的测量值，这个测量值就称为百分位数。百分位数也就是百分位对应的测量数值。

2.2 常用人体测量数据

人体测量数据的差异通常与年龄、性别、年代、地区与种族、职业等因素有关。另外，数据来源不同、测量方法不同、被测者是否有代表性等因素，也常常造成测量数据的差异。

2023年8月我国由国家市场监督管理总局与国家标准化管理委员会共同发布最新GB/T 10000—2023《中国成年人人体尺寸》，并于2024年3月实施。新的国标适用于成年人消费用品、交通、服装、家居、建筑、劳动防护、军事等生产与服务产品、设备、设施的设计及技术改造更新，以及各种与人体尺寸相关的操作维修、安全防护等工作空间的设计及其工效学评价，使其适合中国人人体特征，提升产品的安全性和舒适性。该标准给出了我国成年人（18～70岁）人体基础尺寸（结构尺寸）和人体功能尺寸的基础数据统计值，涉及人体站姿、坐姿、头面部、手部、足部等共52项人体基础尺寸数据，以及两臂展开、两肘展开、跪姿、爬姿、俯卧姿等特定姿势下的16项功能尺寸数据，并按男女性别分开列表。

2.2.1 我国成年人人体结构尺寸

（1）常用的人体结构尺寸

①人体主要尺寸 GB/T 10000—2023《中国成年人人体尺寸》给出身高、体重、上臂长、前臂长、大腿长、小腿长共6项人体主要尺寸数据，除体重外，其余五项主要尺寸的部位见图2.2-1。表2.2-1为我国成年人人体主要尺寸。

②立姿人体尺寸 该标准中提供的成年人立姿人体尺寸有：眼高、肩高、肘高、手功能高、会阴高、胫骨点高，这6立姿人体尺寸的部位见图2.2-2，相对应的成年人立姿人体尺寸见表2.2-2。

③坐姿人体尺寸 该标准中提供的成年人坐姿人体尺寸有：坐高、坐姿颈椎点高、坐姿眼高、坐姿肩高、坐姿肘高、坐姿大腿厚、坐姿膝高、坐姿小腿加足高（腘高）、坐姿臀-腘距、坐姿臀-膝距、坐姿下肢长，这11项坐姿人体尺寸的部位见图2.2-3，相对应的成年人坐姿人体尺寸见表2.2-3。

④人体水平尺寸 该标准中提供的成年人人体水平尺寸有：胸宽、胸厚、肩宽、最大肩宽、臀

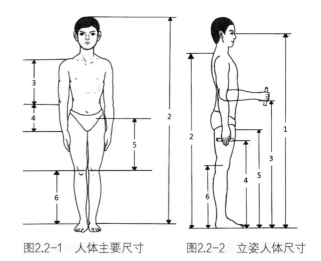

图2.2-1　人体主要尺寸　　　图2.2-2　立姿人体尺寸

表2.2-1　　　　　　　　　　　　　我国成年人人体主要尺寸

测量项目	男（18~70岁）							女（18~70岁）						
	百分位数													
	P1	P5	P10	P50	P90	P95	P99	P1	P5	P10	P50	P90	P95	P99
1. 体重/kg	47	52	55	68	83	88	100	41	45	47	57	70	75	84
2. 身高/mm	1528	1578	1604	1687	1773	1800	1860	1440	1479	1500	1572	1650	1673	1725
3. 上臂长/mm	277	289	296	318	339	347	358	256	267	271	292	311	318	332
4. 前臂长/mm	199	209	216	235	256	263	274	188	195	202	219	238	245	256
5. 大腿长/mm	403	424	434	469	506	517	537	375	395	406	441	476	487	508
6. 小腿长/mm	320	336	345	374	405	415	434	297	311	318	345	375	384	401

表2.2-2　　　　　　　　　　　　我国成年人立姿人体尺寸/mm

测量项目	男（18~70岁）							女（18~70岁）						
	百分位数													
	P1	P5	P10	P50	P90	P95	P99	P1	P5	P10	P50	P90	P95	P99
1. 眼高	1416	1464	1486	1566	1651	1677	1730	1328	1366	1384	1455	1531	1554	1601
2. 肩高	1237	1279	1300	1373	1451	1474	1525	1161	1195	1212	1276	1345	1366	1411
3. 肘高	921	957	974	1037	1102	1121	1161	867	895	910	963	1019	1035	1070
4. 手功能高	649	681	696	750	806	823	854	617	644	658	705	753	767	797
5. 会阴高	628	655	671	729	790	807	849	618	641	653	699	749	765	798
6. 胫骨点高	389	405	415	445	477	488	509	358	373	381	409	440	449	468

宽、坐姿臀宽、坐姿两肘间宽、胸围、腰围、臀围，这10项人体水平尺寸的部位见图2.2-4，相对　　应的成年人人体水平尺寸见表2.2-4。

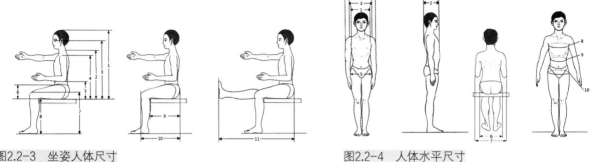

图2.2-3　坐姿人体尺寸　　　　　　　　　　图2.2-4　人体水平尺寸

表2.2-3　　　　　　　　　　　　　　　我国成年人坐姿人体尺寸/mm

测量项目	男（18~70岁）							女（18~70岁）						
	百分位数													
	P1	P5	P10	P50	P90	P95	P99	P1	P5	P10	P50	P90	P95	P99
1. 坐高	827	856	870	921	968	979	1007	780	805	820	863	906	921	943
2. 坐姿颈椎点高	599	622	635	675	715	726	747	563	581	592	628	664	675	697
3. 坐姿眼高	711	740	755	798	845	856	881	665	690	704	745	787	798	823
4. 坐姿肩高	534	560	570	611	653	664	686	500	521	531	570	607	617	636
5. 坐姿肘高	199	220	231	267	303	314	336	188	209	220	253	289	296	314
6. 坐姿大腿厚	112	123	130	148	170	177	188	108	119	123	137	155	163	173
7. 坐姿膝高	443	462	472	504	537	547	567	418	433	440	469	501	511	531
8. 坐姿腘高	361	378	386	413	442	450	469	341	351	356	380	408	418	439
9. 坐姿臀-腘距	407	427	438	472	507	518	538	396	416	426	459	492	503	524
10. 坐姿臀-膝距	509	526	535	567	601	613	635	489	506	514	544	577	588	607
11. 坐姿下肢长	830	873	892	956	1025	1045	1086	792	833	849	904	960	977	1015

表2.2-4　　　　　　　　　　　　　　　我国成年人人体水平尺寸/mm

测量项目	男（18~70岁）							女（18~70岁）						
	百分位数													
	P1	P5	P10	P50	P90	P95	P99	P1	P5	P10	P50	P90	P95	P99
1. 胸宽	236	254	265	299	330	339	356	233	247	255	283	312	319	335
2. 胸厚	172	184	191	218	246	254	270	168	180	186	212	240	248	265
3. 肩宽	339	354	361	386	411	419	435	308	323	330	354	377	383	395
4. 最大肩宽	398	414	421	449	481	490	510	366	377	384	409	440	450	470
5. 臀宽	291	303	309	334	359	367	382	281	293	299	323	349	358	375
6. 坐姿臀宽	292	308	316	346	379	388	410	293	308	317	348	382	393	414
7. 坐姿两肘间宽	352	376	390	445	505	524	566	317	338	352	410	474	491	529
8. 胸围	770	809	832	927	1032	1064	1123	746	783	804	895	1009	1042	1109
9. 腰围	642	687	713	849	986	1023	1096	599	639	663	781	923	964	1047
10. 臀围	810	845	864	938	1018	1042	1098	802	837	854	921	1009	1040	1111

⑤头面部人体尺寸　该标准中提供的成年人头面部人体尺寸有：头宽、头长、形态面长、瞳孔间距、头围、头矢状弧、头冠状弧、头高，这8项头面部的部位见图2.2-5，相对应的成年人头面部人体尺寸见表2.2-5。

⑥手部与足部人体尺寸　该标准中提供的成年人手部与足部人体尺寸有：手长、手宽、食指长、食指近位宽、食指远位宽、足长、足宽、足围，这8项人体尺寸的部位见图2.2-6，相对应的成年人手部与足部人体尺寸见表2.2-6。

（2）选用人体尺寸数据时的要点

①表列数值均为裸体测量的结果，在用于设计

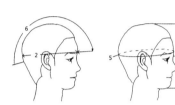

图2.2-5　头面部人体尺寸

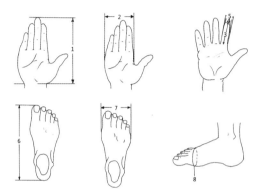

图2.2-6　成年人手部与足部人体尺寸

表2.2-5　　　　　　　　　　　　　我国成年人头面部人体尺寸/mm

测量项目	男（18～70岁）							女（18～70岁）						
	百分位数													
	P1	P5	P10	P50	P90	P95	P99	P1	P5	P10	P50	P90	P95	P99
1. 头宽	142	147	149	158	167	170	175	137	141	143	151	159	162	168
2. 头长	170	175	178	187	197	200	205	162	167	170	178	187	189	194
3. 形态面长	104	108	111	119	129	133	144	96	100	102	110	119	122	130
4. 瞳孔间距	52	55	56	61	66	68	71	50	52	54	58	64	66	71
5. 头围	531	543	550	570	592	600	617	517	528	533	552	571	577	590
6. 头矢状弧	305	320	325	350	372	380	395	280	303	311	335	360	367	381
7. 耳屏间弧（头冠状弧）	321	334	340	360	380	386	397	313	324	330	349	369	375	385
8. 头高	202	210	217	231	249	253	260	199	206	213	227	242	246	253

表2.2-6　　　　　　　　　　　　　我国成年人手部与足部人体尺寸/mm

测量项目	男（18～70岁）							女（18～70岁）						
	百分位数													
	P1	P5	P10	P50	P90	P95	P99	P1	P5	P10	P50	P90	P95	P99
1. 手长	165	171	174	184	195	198	204	153	158	160	170	179	182	188
2. 手宽	78	81	82	88	94	96	100	70	73	74	80	85	87	90
3. 食指长	62	65	67	72	77	79	82	59	62	63	68	73	74	77
4. 食指近位宽	18	18	19	20	22	23	23	16	17	17	19	20	21	21
5. 食指远位宽	15	16	17	18	20	20	21	14	15	15	17	18	18	19
6. 足长	224	232	236	250	264	269	278	208	215	218	230	243	247	256
7. 足宽	85	89	91	98	104	106	110	77	82	83	90	96	98	102
8. 足围	218	226	231	247	263	268	278	200	207	211	225	240	245	254

时，应根据各地区不同的着衣量而增加余量。

②立姿时要求自然挺胸直立，坐姿时要求端坐。如果用于其他立、坐姿的设计（例如放松的坐姿），要进行适当的修正。

③由于我国地域辽阔，不同地区间人体尺寸差异较大。为了能选用适合各地区的人体尺寸，将全国划分为以下6个区域：

东北、华北区：包括黑龙江、吉林、辽宁、内蒙古、河北、山东、北京、天津；

中西部地区：包括河南、山西、陕西、宁夏、甘肃、青海、新疆、西藏；

长江中游区：包括江苏、浙江、安徽、上海；

长江下游区：包括湖北、湖南、江西；

两广福建区：包括广东、广西、海南、福建；

云贵川区：包括云南、贵州、四川、重庆。

表2.2-7、表2.2-8所列数据为六个区域年龄为18～70岁成年男性和女性的身高和体重的均值M及标准差S_D值。

表2.2-7　　　　　　　六个区域成年男性体重、身高、胸围的均值M及标准差S_D值

地区 项目	东北华北区		中西部区		长江中游区		长江下游区		两广福建区		云贵川区	
	M	S_D	M	S_D	M	S_D	M	S_D	M	S_D	M	S_D
身高/mm	1702	67.3	1686	64.8	1673	65.8	1694	67.4	1684	72.2	1663	68.5
体重/kg	71	11.9	69	11.3	67	10.4	68	11.0	67	10.9	65	10.5
胸围/mm	949	80.0	930	80.3	920	74.8	929	75.5	915	74.1	913	73.7

表2.2-8　　　　　　　六个区域成年女性身高、体重、胸围的均值M及标准差S_D值

地区 项目	东北华北区		中西部区		长江中游区		长江下游区		两广福建区		云贵川区	
	M	S_D	M	S_D	M	S_D	M	S_D	M	S_D	M	S_D
身高/mm	1584	61.9	1577	58.7	1564	54.7	1582	59.7	1564	60.6	1548	58.6
体重/kg	60	9.8	60	9.6	56	7.9	57	8.5	55	8.4	56	8.5
胸围/mm	908	86.0	915	81.0	892	73.6	896	76.7	882	72.9	908	77.2

2.2.2　我国成年人人体功能尺寸

（1）常用的人体功能尺寸

人在各种工作时都需要有足够的活动空间，工作位置上的活动空间设计与人体的功能尺寸密切相关。标准给出了我国成年人（18～70岁）人体功能尺寸：中指指尖点上举高、双臂功能上举高、两臂展开宽、两臂功能展开宽、两肘展开宽、前臂加手前伸长、前臂加手功能前伸长、上肢前伸长、上肢功能前伸长、坐姿中指指尖点上举高、跪姿体长、跪姿体高、俯卧姿体长、俯卧姿体高、爬姿体长、爬姿体高，这16项人体尺寸的部位见图2.2-7，我国成年人人体功能尺寸见表2.2-9。

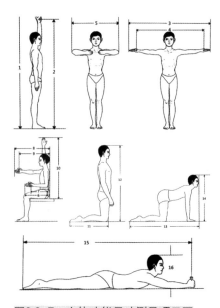

图2.2-7　人体功能尺寸测量项目图

表2.2-9 我国成年人人体功能尺寸/mm

测量项目	男（18~70岁）							女（18~70岁）						
	百分位数													
	P1	P5	P10	P50	P90	P95	P99	P1	P5	P10	P50	P90	P95	P99
1. 中指指尖点上举高	1868	1948	1986	2104	2228	2266	2338	1740	1808	1836	1939	2046	2081	2152
2. 双臂功能上举高	1764	1845	1880	1993	2113	2150	2222	1643	1709	1737	1836	1942	1974	2047
3. 两臂展开宽	1547	1594	1619	1698	1781	1806	1864	1435	1472	1491	1560	1633	1655	1704
4. 两臂功能展开宽	1327	1378	1401	1475	1556	1582	1638	1231	1267	1287	1354	1428	1452	1509
5. 两肘展开宽	804	827	839	878	918	931	959	753	770	780	813	848	859	882
6. 前臂加手前伸长	403	418	425	451	478	486	501	372	386	393	416	441	448	461
7. 前臂加手功能前伸长	291	308	316	340	365	374	398	269	284	291	313	338	346	365
8. 上肢前伸长	729	760	774	822	873	888	920	640	693	709	755	805	820	856
9. 上肢功能前伸长	628	654	667	710	758	774	808	535	595	609	653	700	715	751
10. 坐姿中指指尖点上举高	1188	1242	1267	1348	1432	1456	1508	1081	1137	1159	1234	1307	1329	1372
11. 跪姿体长	581	612	628	679	732	749	786	610	621	627	647	668	674	689
12. 跪姿体高	1166	1200	1217	1274	1332	1351	1391	1103	1131	1146	1198	1254	1271	1308
13. 俯卧姿体长	1922	1982	2014	2115	2220	2253	2326	1826	1872	1897	1982	2074	2101	2162
14. 俯卧姿体高	343	351	355	374	397	404	422	347	351	353	362	375	379	388
15. 爬姿体长	1128	1161	1178	1233	1290	1308	1347	1097	1117	1127	1164	1203	1215	1241
16. 爬姿体高	743	765	776	813	852	864	891	707	720	728	753	781	789	808

（2）跪姿、俯卧姿、爬姿人体尺寸的计算

对于设计中所需的人体数据，当无条件测量时，或直接测量有困难时，或者是为了简化人体测量的过程，可根据人体的身高、体重等基础测量数据，利用经验公式计算出所需要的其他各部分数据。如在工作空间的工效学设计中，两臂和两肘展开宽、跪姿、俯卧姿、爬姿等基本人体尺寸项目数值可参照表2.2-10计算。

表2.2-10 人体尺寸项目推算表/mm

人体尺寸项目	推算公式	
	男性	女性
两臂展开宽	178.216+0.894H	6.234+0.977H
两臂功能展开宽	156.921+0.774H	306.081+0.659H
两肘展开宽	117.813+0.455H	−5.479+0.524H
跪姿体长	−251.99+0.551H	94.014+0.351H
跪姿体高	120.336+0.684H	64.719+0.721H
俯卧姿体长	126.542+1.18H	62.06+1.217H
俯卧姿体高	275.479+1.459W	308.342+0.949W
爬姿体长	−327.376+0.934H	339.544+0.522H
爬姿体高	70.681+0.439H	279.493+0.302H

注：H为身高（mm）；W为体重（kg）。

2.3 人体测量数据的应用

在设计中，人体尺寸的应用主要包括以下步骤：

（1）确定预期的用户人群

任何产品都是针对一定的使用者来进行设计的，因此，在设计时必须弄清设计的使用者或操作者的状况，分析他们的特征，包括性别、年龄、种族、地区、体型、身体健康状况等。

（2）确定所有相关尺寸

任何产品都是针对一定的使用者来进行设计的，因此，在设计时必须分析与产品设计相关的人体尺寸。例如：汽车座椅的设计，需要静态下的坐高（挺直）、坐姿眼高、肩宽、胸高、前臂长、臀宽、手、脚等的各部位尺寸。动态下的功能极限尺寸（臂、脚）、最佳视角等人体尺寸。

（3）确定所设计产品的类型

在涉及人体功能尺寸的产品设计中，设定产品功能尺寸的主要依据是人体尺寸百分位数，而人体尺寸百分位数的选用又与所设计产品的类型密切相关。在GB/T 12985-1991标准中，依据产品使用者人体尺寸的设计上限值（最大值）和下限值（最小值）对产品尺寸设计进行了分类，产品类型的名称及其定义见表2.3-1。凡涉及人体尺寸的产品设计，首先应按该分类方法确认所设计的对象是属于其中的哪一类型。

（4）选择人体尺寸百分位数

除了表2.3-1所列的产品尺寸设计分类外，产品还可按其重要程度分为涉及人的健康、安全的产品和一般工业产品两个等级。在确认所设计的产品类型及其等级之后，选择人体尺寸百分位数的依据是满足度。人因工程学设计中的满足度，是指所设计产品在尺寸上能满足多少人使用，通常以合适的百分数表示。表2.3-2列出了产品尺寸设计的类型、重要程度、满足度与人体尺寸百分位数的关系。

具体设计时，应根据预期目标用户以及产品应用场合，选择合适的百分位数据。例如：普通的通道入口设计，高度应允许95%的男性通过，其余

高个人群低头通过即可；应急出入舱口的设计，在充分考虑着装因素下宽度应允许99%的男性通过（见表2.3-3）。

（5）确定功能修正量

大部分人体尺寸数据是裸体或是穿背心、内衣、内裤时静态测量的结果。设计人员选用数据时，不仅要考虑操作者的穿着情况，还应考虑其他可能配备的装置，如手套、头盔、靴子及其他用具。也就是说，在考虑有关人体尺寸时，必须在所测的人体尺寸上增加适当的着装修正量。我国目前尚无统一的着装人体尺寸修正量，表2.3-4给出了一个建议调整数据，供设计时参考使用。例如：在人体测量时要求躯干为挺直姿势，而人在正常作业

表2.3-2　人体尺寸百分位数的选择

产品类型	产品重要程度	人体尺寸百分位数的选择	满足度
Ⅰ型产品	涉及人的健康、安全的产品	选用P_{99}和P_1作为尺寸上、下限值的依据	98%
	一般工业产品	选用P_{95}和P_5作为尺寸上、下限值的依据	90%
ⅡA型产品	涉及人的健康、安全的产品	选用P_{99}和P_{95}作为尺寸上限值的依据	99%或95%
	一般工业产品	选用P_{90}作为尺寸上限值的依据	90%
ⅡB型产品	涉及人的健康、安全的产品	选用P_1和P_5作为尺寸下限值的依据	99%或95%
	一般工业产品	选用P_{10}作为尺寸下限值的依据	90%
Ⅲ型产品	一般工业产品	选用P_{50}作为尺寸的依据	通用
成年男、女通用产品	一般工业产品	选用男性的P_{99}、P_{95}或P_{90}作为尺寸上限值的依据	通用
		选用女性的P_1、P_5和P_{10}作为尺寸下限值的依据	

表2.3-1　产品尺寸设计分类

产品类型	产品类型定义	说明
Ⅰ型产品尺寸设计	需要两个人体尺寸百分位数作为尺寸上限值和下限值的依据	又称双限值设计
Ⅱ型产品尺寸设计	只需一个人体尺寸百分位数作为尺寸上限值和下限值的依据	又称单限值设计
ⅡA型产品尺寸设计	只需一个人体尺寸百分位数作为尺寸上限值的依据	又称大尺寸设计
ⅡB型产品尺寸设计	只需一个人体尺寸百分位数作为尺寸下限值的依据	又称小尺寸设计
Ⅲ型产品尺寸设计	只需要第50百分位数（P_{50}）作为产品尺寸设计的依据	又称平均尺寸设计

表2.3-3　人体百分位选择依据

设计项目	取适应大多数人的人体尺寸	说明
通道入口应急出入舱口	应取允许95%的男性通过的高度	其余5%的高个可低头通过
	其宽度应允许99%的男性通过	应考虑通行者的穿着，增加功能修正量
控制板（非紧要的）	各旋钮间隔应允许90%的男性使用	如戴手套操作，间距应更大
仅允许旋凿进入的孔眼	其孔径应取最小，只有1%的女性手指可通过	确保不让人的手指插入孔眼

表2.3-4　正常人着装尺寸修正量

项目	尺寸修正量/mm	修正理由	项目	尺寸修正量/mm	修正理由
站姿高	25～38	鞋高	两肘间宽	20	
坐姿高	3	裤厚	肩-肘	8	
站姿眼高	36	鞋高	臂-手	5	
坐姿眼高	3	裤厚	叉腰	8	手臂弯曲时，肩肘部衣物压紧
肩宽	13	衣	大腿厚	13	
胸宽	8	衣	膝宽	8	
胸厚	18	衣	膝高	33	
腹厚	23	衣	臀-膝	5	
立姿臀宽	13	衣	足宽	13～20	
坐姿臀宽	13	衣	足长	30～38	
肩高	10	衣	足后跟	25～38	

时，躯干为自然放松姿势，因此应考虑由于姿势不同而引起的变化量。姿势修正量的常用数据是，立姿时的身高、眼高减10mm；坐姿时的坐高、眼高减44mm。

此外还需考虑实现产品不同操作功能所需的修正量。功能修正量随产品不同而不同，通常为正值，有时也可能为负值。如在考虑手控装置的安放距离时，功能修正量应以上肢功能前伸长为依据，而上肢功能前伸长是后背至中指指尖的距离，因此对应不同操作功能的控制装置应做不同的修正，如对于按钮开关可减12mm；对于推滑动推钮、扳动扳钮型开关则减25mm。

①确定心理修正量　为了克服人们心理上产生的"空间压抑感""高度恐惧感"等心理感受，或者为了满足人们"求新""求美""求奇"等心理需求，一般在产品功能尺寸上附加一项增量，称为心理修正量。心理修正量是用实验方法求得，一般是通过被试者主观评价表的评分结果进行统计分析，求得心理修正量。

②设定产品功能尺寸　通常所测得的静态人体尺寸数据，虽然可解决很多产品设计中的问题，但由于人在操作过程中姿势和体位经常变化调整，静态测得的尺寸数据会出现较大误差，设计时需用动态测得的尺寸数据加以适当调整。

此外，作业空间的尺寸范围，不仅与人体静态测量数据有关，同时也与人的肢体活动范围及作业方式方法有关。如手动控制器最大高度应使第5百分位数身体尺寸的人直立时能触摸到，而最低高度应是第95百分位数的人的指点高度。作业空间设计还必须考虑操作者进行正常运动时活动范围的增加量，如行走时头顶的上下运动幅度可达5cm。

产品功能尺寸有两种：最小功能尺寸和最佳功能尺寸。通常而言，两种尺寸计算如下：

最小功能尺寸＝人体尺寸的百分位数+功能修正量

最佳功能尺寸＝人体尺寸的百分位数+功能修正量+心理修正量

复习题

1. 简述人体测量数据的分类及人体尺寸的测量方法。

2. 简述适应域、百分位、百分位数的概念。

3. 人体测量数据在产品设计中的应用包括哪些步骤？

思考分析题

1. 结合GB/T 10000—2023《中国成年人人体尺寸》等国家标准中的人体尺寸数据，以典型办公椅为例，分析其在人因尺度方面的设计思考。

2. 如何理解产品尺寸设计分类？请结合具体产品分析、讨论。

3. 对照新旧国家标准的人体尺寸数据，你看到了哪些变化趋势？请归纳总结，并尝试阐述其成因。

第3章
人的信息加工与产品设计

3.1 人的信息加工

3.1.1 人的信息加工基本过程

在人和产品发生关系和相互作用的过程中，最本质的联系是信息交换。如图3.1-1所示模型描述了人的信息加工基本过程及多部分相互关系。

人的信息加工过程由信息输入（人的感觉与知觉）、信息处理（记忆、思维）、信息输出（人的行为与语言反应）三个阶段组成。人的眼、耳、鼻、舌等各种感受器接收来自人体内外的各种信息，通过一定的刺激形式作用于感受器，引起分布于感受器内的神经末梢发生神经冲动，这种神经冲动沿着神经通路传送到大脑皮层相应的感觉区而产生感觉。由各种感官组成的感觉子系统将获得的这些信息通过神经信号传递给大脑中枢。中枢的信息处理子系统，接收传入的信息并识别被处理加工后的信息，作出相应的决策。最后，信息处理系统可以发送输出信息，通过反应子系统中的各种控制装置和语言器官，产生相应的行为和语言反应（图3.1-1）。

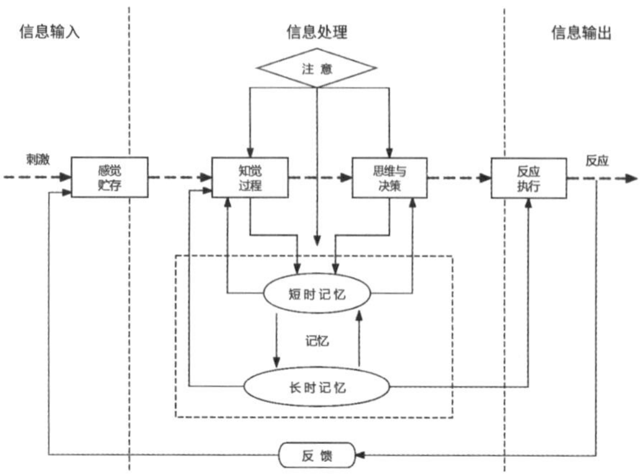

3.1.2 人的信息加工过程中关键要素

人的感觉、知觉、记忆和思维等是人的信息加工过程中的关键要素和阶段。这些要素和阶段共同构成了人类对外界信息的接收、处理、存储和表达的全过程。

（1）感觉及其特性

①人体的感觉

人与周围环境的信息交流可以看作一个人机系统中信息的接收、处理与反馈的过程，感受器官是

图3.1-1　人的信息加工基本过程及多部分相互关系

系统中负责信息收集的主要人体部位。

感觉是人脑对直接作用于感觉器官的客观事物的个别属性的反映。来自体内外的环境刺激通过眼、耳、鼻、口、舌、皮肤等感觉器官产生神经冲动，通过神经系统传递到大脑皮层感觉中枢，从而产生感觉。例如：面对一个苹果，人们用眼睛看，可以观察到苹果的颜色（红色）、形状（圆的）；人们用手去摸，可以感受到苹果的硬度（硬）和表面光滑度（光滑）；用嘴去咬，可以尝到苹果的味道（甜的）；用鼻子去闻，可以闻到苹果的香味（香）；拿在手上掂量，可以感受到苹果有一定的重量（重）。这里的红、圆、硬、滑、甜、香、重就是苹果的个别属性。人们的大脑接受和加工这些属性，进而认识这些属性，这就是感觉。

②感觉的特性

感觉是一种最简单而又最基本的心理过程，在人的各种活动过程中起着极其重要的作用。感觉具有以下特征：

a. 感觉阈限 感觉阈限是用来表示各种感觉的共性量值。只有适当的刺激，才能引起受体的有效反应。刺激能量的强度和量要适度，超过或不足都不能引起正常的、有效的感觉。感觉阈限可分为绝对感觉阈限和差别感觉阈限两类。

绝对感觉阈限是能被感觉器官感受到刺激的有无和差别变化的刺激强度范围，包括感觉阈上限和感觉阈下限。刚能引起感觉的最小刺激量称为绝对感觉阈下限，如在9L水中放入一勺砂糖，可以尝到甜味是味觉的感觉阈下限；刚刚导致正常感觉消失的最大刺激能量的强度或量称为绝对感觉阈限的上限，如人耳能听到的声音频率上限是20000Hz。在设计中注意使刺激强度保持在合适的范围，不可超过上限，避免引起相应感觉器官损伤。

差别感觉阈限是刚好能够引起差别感觉的最小刺激量。如温度上升或下降1℃，人刚好能够感受到温度的变化，那么1℃就是差别感觉阈值。人体

的差别感觉阈限不是一个固定不变的数值，它与刺激的初始量、刺激的强度等因素有关。图3.1-2展示了双关图形（a "Man" or a "Girl"）在差别感觉阈限内的演变。

差别感觉阈限在设计中的运用包括两个方面：一是将差异性和变化性控制在差别感觉阈限范围之内，使人们不易察觉。例如，电视机的亮度等级、砂锅把手的隔热性能，通常以绝对感觉阈限作为技术参数的参照，在此基础上考虑用户体验、安全性和实际使用需求。图3.1-3所示的是两款农机驾驶室控制器，左图通过手柄形态、色彩的对比设计，带来各手柄视觉、触觉上的较大差异，识别性强，易于盲操作，减少误操作；而右图各手柄无论是形态还是色彩都十分相似，甚至有些完全一致，容易引发误操作。

b. 感觉适应 感觉器官接受刺激后，若刺激强度不变，则经过一段时间后，感觉会逐渐变弱以

图3.1-2 差别感觉阈限内的图形演变（Fisher，1967）

图3.1-3 两款农机驾驶室控制器

至消退，这种现象称为"适应"。通常所说的"入芝兰之室，久而不闻其香"就是嗅觉适应的例子；下水游泳时，刚开始感觉有点冷，但过一会儿就不觉得冷了，是温度感觉的适应现象。对于人体而言，不同的感觉器官，其适应的速度和程度不同，例如：触觉的适应时间仅需要2秒，味觉的适应需要30秒；视觉从黑暗到明亮需要1~2分钟的适应时间，而听觉的适应一般需要15分钟左右，触觉和压觉的适应最快，痛觉的适应现象较不明显。

c. 感觉对比　感觉对比是同一感受器官接受两种完全不同，但属于同一类的刺激物的作用，而使感受性发生变化的现象。感觉对比分为同时对比和继时对比。同时对比是两个或多个刺激同时作用于同一感受器而产生的对比。如同样灰度的方形，在浅色背景上看起来颜色更深一些，在黑色背景上则显得更浅一些。继时对比是两个或多个刺激先后作用于同一感受器而产生的对比。如吃了糖之后再吃水果就感受不到水果的甜味了，这是由味觉的前后对比产生的。眼睛盯着一个颜色的图形看，一段时间后移开视线，则会看到原图形的反相颜色的影像。

d. 感觉后效　当刺激停止后人的感觉不会立即消失，还会存在一段时间，这种现象叫余觉。例如，人们通常所说的"余音绕梁，三日不绝"就是声音产生的余觉现象。再如，人们观看亮着的白炽灯，过一会儿闭上眼睛会发现灯丝在空中游动，这是发光灯丝留下的余觉。中国古代的走马灯，现代的电影、电视剧、动画片等都是这一现象的应用。

e. 感觉相互作用　感受能力因受到其他刺激的干扰影响而发生变化的现象称为感觉的相互作用。一种感受器官只能接受一种刺激和识别某一种特征，如眼睛只接受光刺激，耳朵只接受声刺激。同时有多种视觉信息或多种听觉信息，或视觉与听觉信息同时输入时，人们往往倾向于注意一个而忽视其他信息，如果同时输入的是两个强度相同的听觉信息，则对要听的那个信息的辨别能力将下降

50%，并且只能辨别最先输入的或是强度较大的信息。当视觉信息与听觉信息同时输入时，听觉信息对视觉信息的干扰较大，视觉信息对听觉信息的干扰较小。此外，味觉、嗅觉、平衡觉等都会受其他感觉刺激的影响而发生不同程度的变化。

（2）知觉及其特性

①人体的知觉

知觉是人脑对直接作用于感觉器官的客观事物和主观状况整体的反映。知觉是在感觉的基础上，现实刺激和已储存的知识经验相互作用产生的，它对我们对外界的感觉信息进行组织和解释。心理学中把感觉和知觉统称为感知觉。知觉过程在认知科学中也可看作一组程序，包括获取感觉信息、理解信息、筛选信息、组织信息。知觉过程的信息加工，可分为"自下而上"和"自上而下"两种相互联系、相互补充的方式。自下而上加工是指由外部刺激开始的加工，主要依赖于刺激物自身的性质和特性。对信息的分析从基本的细小特征开始，逐步形成完整知觉。自上而下的加工是由有关知觉对象的一般知识开始的加工，常体现于上下文效应中。利用已有的知识，迅速把各种感觉特征组织为一个有意义的整体。例如，当我们听到一个声音时，不仅我们的听觉感官在起作用，大脑也在对声音进行分析和理解，以确定它的来源和意义。

②知觉的特性

a. 整体性　人的知觉系统具有把个别属性、个别部分综合成为一个统一的有机整体的能力，这种特性称为知觉的整体性。在感知不熟悉的对象时，则倾向于把它感知为具有一定结构的有意义的整体，影响知觉整体性的因素包括邻近性、相似性、封闭性、对称性、连续性等，它们被称作视觉感知的格式塔原理。

b. 选择性　人在知觉客观世界时，总是有选择地把少数事物当成知觉的对象，而把其他事物当成知觉的背景，以便更清晰地感知一定的事物与对

象，这种特性被称为知觉的选择性。影响知觉选择的因素，从客观方面来看，有刺激的变化、对比、运动、大小、强度、反复出现等；从主观方面来看，有经验、情绪、动机、兴趣、需要等。

c. 理解性　在知觉时，用以往所获得的知识经验来理解当前的知觉对象的知觉的特性称为知觉的理解性。理解还有助于知觉的整体性。人们对于自己理解和熟悉的东西，容易将其当成一个整体来感知。在观看某些不完整的图形时，正是理解帮助人们把缺少的部分补充起来。影响知觉理解性的因素有知识经验、言语提示等。另外，个人的动机与期望、情绪与兴趣爱好以及定势等也会影响人对知觉对象的理解。

d. 恒常性　当知觉的客观条件在一定范围内改变时，人们的知觉映像在相当程度上却保持相对稳定的特性，叫作知觉的恒常性。知觉的恒常性可分为形状恒常性、大小恒常性、方向恒常性、明度恒常性、颜色恒常性等，其中，形状、大小、方向恒常性的产生主要来自两个方面的信息：一是画面中的情境线索，二是人们的先验知识。如在实际生活中，人们看到一辆汽车由远及近驶来，尽管汽车看起来是由小变大，但我们也会认为汽车大小是不变的。同样，我们也不会因为门的开关状态不同而认为门是不同形状的。

（3）注意及影响注意的因素

①注意

信息的中枢加工，主要表现在知觉、注意、记忆、思维决策过程中。注意是心理活动或意识对一定对象的指向和集中，是和意识紧密相关的一个概念，从感觉贮存开始到反应执行的各个阶段的信息加工几乎都离不开注意。注意包括选择性注意和分配性注意两种认知方式。选择性注意是指有意、选择性地关注某些刺激，同时忽略其他刺激，将注意力集中在特定点上。分配性注意则涉及将注意力分散到两个或多个事物上。例如，在一些大型的人机

系统中，如飞机显示舱，操作者只有具备较高的注意分配能力，才能提高工作效率，避免出现差错和发生事故。

注意的重要功能在于对外界的大量信息进行过滤和筛选，即选择并跟踪符合需要的信息，避开和抑制无关的信息，使符合需要的信息在大脑中得到精细的加工。注意保证了人对事物清晰的认识、更准确的反应和更有序可控的行为，是人们获取知识、掌握技能、完成各种实际操作和工作任务的重要心理条件。

②影响注意的因素

a. 强度　非常强烈的刺激通常更容易得到注意。可以通过增加声音的音量、提高光线的亮度、加大运动的幅度等方式来提高刺激的强度。例如，在演讲中可以通过加大音量、加强语气等方式来吸引听众的注意力。

b. 重复　重复刺激也容易达到注意的效果。增加刺激的重复性可以通过反复呈现同一种刺激来引起注意。例如，在广告中可以通过重复播放广告语或音乐来加深人们的印象。

c. 变化　没有变化的重复会导致习惯化；变化的刺激特别容易引起人们的注意，因为变化往往与重要事件相关联。例如，突然的声音变化或光线的闪烁可能会立即吸引我们的注意力。

d. 动机　动机在注意中发挥重要作用。如果我们对某件事物感兴趣或认为它对我们重要，我们可能会更加专注于它。相反，如果我们认为某件事不重要或无聊，我们可能会更容易分心。

在人机系统设计中应该有意识地强化这些因素，从而使操作者的注意力集中，提高操作效率。

（4）记忆

从感受器输入的信息，一般以一定的编码形式贮存在记忆系统中。人的记忆可分为感觉记忆、短时记忆和长时记忆三个阶段，这三个阶段是相互联系、相互影响并密切配合的，也是三个不同水平的

信息处理过程。信息编码是人们获得个体经验的过程，或者说是外界信息进行形式转换的过程。编码就是按一定规则，把信息变换成符号或信号的过程。好的编码方式可以提高信息传递效率。

①人的记忆阶段

a. 感觉记忆　感觉记忆是记忆的初始阶段，它是外界刺激以极短的时间一次呈现后，一定数量的信息在感觉通道内迅速被登记并保持一瞬时的过程，因此又被称为瞬时记忆或者感觉登录。感觉记忆具有形象鲜明、信息保持时间极短、记忆容量较大等特点，其保存的信息如果得不到强化，就会很快淡化而消失，若受到强化，就会进入短时记忆系统。

b. 短时记忆　短时记忆又称工作记忆或操作记忆，是指信息一次呈现后，保持时间在1min以内的记忆。1956年乔治米勒对短时记忆能力进行了定量研究，他发现人类头脑最好的状态能记忆含有7（±2）项信息块，在记忆了5～9项信息后人类的头脑就开始出错。该法则常被应用于交互设计中，例如手机通讯录中的手机号码被分割成"xxx－xxxx－xxxx"的形式，减轻了用户记忆负担，提高了产品的易用性。

c. 长时记忆　长时记忆是记忆发展的高级阶段，其保持时间在1min以上。长时记忆中贮存的信息，大多是由短时记忆中的信息通过各种形式的复述或复习转入的，但也有一些是由于对个体具有特别重大的意义而使其印象深刻而在感知中一次形成的。事物在记忆中的存储取决于人们对该事物的理解程度，理解程度会影响记住的信息量，因为理解程度影响记忆的基本单位。例如，对一局棋的记忆，专业棋手与入门新手会有很大差异。

②信息编码

把输入的信息按一定的顺序或按某种关系将记忆材料组合成一定的结构形式或具有某种意义的单元（组块），即重新编码，可以减少信息中独立成分的数量，提高短时记忆的广度，增加记忆的信息量。因此，为了保证短时记忆的作业效能，一方面需要短时记忆数量尽量不超过人所能贮存的记忆容量，即信息编码尽量简短，如商标字母等最好不超过7个；另一方面则可改变编码方式，如选用用户十分熟悉的内容或者信号编码，从而提高工作记忆的记忆容量。长时记忆中的信息更多是按意义进行编码和组织加工的。

编码主要有两类：一类是语义编码，对于语言材料，多采用此类编码；另一类为表象编码，即以视觉、听觉以及其他感觉等心理图像形式对材料的意义编码，设计中的编码多属于此类编码。依据感觉系统信息处理的原理，巧妙地利用不同的编码方式，可以设计出高效的、高质量的人机界面。例如生活中常见的公交站牌和地铁站牌（图3.1-4、图3.1-5），需要对车次、始发站、途经站、当前站、终点站、发车时间等信息进行编码，图中的两个站牌就采用了不同的编码方式，在信息识别的难度、效率等方面存在一定的差异。

③概念与心智模型

a. 概念　人们在成长过程中不断获得一些存

图3.1-4　公交站牌

图3.1-5　地铁站牌

在某些联系的知识和体验，这些知识和体验在记忆中按照一定模式连接起来，就是概念。因此，概念可以说是记忆的基本单元，它为我们提供了快速识别和理解事物的能力。当我们遇到一个新的事物或信息时，我们的大脑会迅速地将其与已有的概念进行匹配，以便对其进行分类和识别。这种基于概念的识别方式，使得我们无需仔细观察对象的每一个细节，就能够快速地识别出它所属的类别。这种机制不仅提高了我们的识别速度，还使我们能够快速地适应和处理新的、不熟悉的事物。

概念形成是对世界体验的归纳、概括和抽象化的过程，在这个过程中，人们需要不断地收集信息、归纳规律，形成自己的思维和认识，从而达到理解事物的本质和内在规律的目的。因此，概念的形成是基于客观事实和经验，是明确和清晰的，当然也在不断发展完善，不断更新和修正原有的概念和认知。概念可以将各种信息和体验连接起来，形成一个完整的认知结构，因此概念的形成有助于人们更好地记忆和回忆信息，对于人们的认知和行为也有着重要的影响。

概念具有不同的表现形式，可以是具体的物体、特征、抽象思想或关系。人们通过概念表征客体（如鸟、书、电话等）、特征（如红色、明亮、大的等）、抽象思想（如爱、理想等）以及关系（按下红色按键机器就会停止）。通过概念的表征，人们可以更好地记忆、学习和推理，从而更好地适应和应对周围的世界。

b. 心智模型　心智模型是指人们内心深处对世界的认知和解释，是基于人们的经验、知识、文化背景等因素形成的。简单来说，心智模型是人类对现实世界的一种简化和概况，帮助我们理解和预测周围的事物和事件。心智模型因人而异，不同的人对同一事物的认知和解释可能存在很大的差异。唐纳德·诺曼在《设计心理学》一书中对心智模型的解释为：心智模型是存在于用户头脑中对一个产品应具有的概念和行为的知识。这种知识可能来源于用户以前使用类似产品沉淀下来的经验，或者是用户根据使用该产品要达到的目标而对产品概念和行为的一种期望。该定义强调了用户的主观经验和期望在心智模型形成中的重要影响。

c. 概念与心智模型　概念是形成心智模型的基础，每个人的心智模型都是基于其已有的概念体系。例如，人们接触一个新的手机App软件，人的心智模型是基于过去对类似软件的使用经验。如果过去使用过类似的软件，人们会将新软件与过去的经验相比较，从而形成关于新软件的心智模型。但用户的心智模型也会随着时间和经验的积累而不断修正和改变。用户对某一事物的概念过于模糊或者错误，会导致他们形成错误的心智模型。例如，一些用户可能认为一款新的智能音箱只具备基本的语音识别功能，而忽视了它可能具备的其他功能。设计师需要引导用户更新其心智模型，以更好地理解和使用产品和服务。

在人机交互中，特别是产品设计、用户体验等环节，理解概念与用户心智模型的关系至关重要。概念越接近用户心智模型，用户就越觉得产品"可控""好用""满足需求"。设计师和开发者需要深入了解用户的心智模型，不断地更新和优化产品和服务，以满足用户不断变化的需求和期望。

（5）思维与决策

人的思维活动是非常复杂的信息加工过程，贯穿于人类的认识活动中。思维有形象思维和抽象思维两种形式。形象思维是指以表象形式进行的思维，依赖于人们对事物的形状、颜色、大小等具体特征的感知和记忆，通过联想、想象等方式来加工信息。而抽象思维是借助概念或语词形式进行的思维，通过概念、判断、推理等逻辑手段来深入探索事物的本质和内在联系。无论是形象思维还是抽象思维，它们在解决问题的过程中都发挥着重要的作用，人的思维主要表现在解决问题的过程中。人在遇到问题仅凭记忆中的现成知识不能解决时，就会开展思维活动。解决问题的过程也是不断决策的过程。在决策过程中，人们需要对各种可能的方案进行分析、比较和评估，以便从众多的方案中择优选择。除了分析比较方案之外，决策还需要考虑决策者的情感、价值观和经验等因素。这些因素可能会影响决策者的偏好和判断。在决策过程中需要加以权衡和处理。此外，决策也需要考虑社会和伦理道德的约束，以确保决策的合理性和合法性。

问题解决是人因工程学中思维与决策的核心能力之一。它涉及寻找、分析和解决问题的过程，需要运用分析、综合、推理和创新等多种思维能力。在人因工程学中，问题解决的研究有助于发现人在解决问题过程中的认知特点和行为模式，进而设计出更符合人类思维习惯的问题解决工具和环境。

（6）反应执行与反馈

①反应执行

信息经上述加工后，如果决定对外界刺激采取某种反应活动，这种决策将以指令形式输送到效应器官，支配效应器官做出相应的动作。效应器官是反应活动的执行机构，包括肌肉、腺体等。在人机系统中，人的信息的输出通常表现为效应器官（如手、足等）的操作活动。因此，效应器的速度和准确度直接关系到人—机系统的效率和可靠性。

②反馈

反馈的实质是被动系统对主动系统的反应。将效应器官做出相应动作的结果作为一种新的刺激，返回传递给输入端，即构成一个反馈回路。反馈设计的目的是向用户提供关于系统状态和操作结果的信息，让用户明白自己操作的结果，并知道系统发生的变化。人们借助于反馈信息，加强或者抑制信息的再输出，从而更为有效地调节效应器官的活动。因此，人们可以根据反馈信息来调整自己的操作和决策，以达到更好的效果和目标。

反馈设计在人机交互中是至关重要的。在人机交互中，人们对于反馈信息的感知和解释能力是有限的，因此反馈设计需要简洁明了，避免信息过载。反馈设计不仅要考虑人的感知、认知和行为特点，同时也需要考虑人的认知过程和决策方式，以便提供更加符合人类思维模式和行为习惯的反馈信息。良好的反馈设计，可以提高人机系统的易用性和用户体验。

Phaos cup是由木马设计公司设计的一款独特的、仅靠两根手指便可操作的智能水杯（图3.1-6）。杯盖配有智能触摸传感式开水口，可以单手操作；用户只需双指进行拿、喝、放三个步骤便可完成饮用咖啡的全部操作，无需额外开盖、关盖操作。为用户提供易操作、高效、安全、健康的使用体验。Phaos cup智能杯在设计中，通过颜色显示不同水温区间，让用户直观了解水温情况以确定是否可以安全饮用，信息反馈充分，减少用户被烫伤概率；杯盖采用PP塑料一体成型，表面没有覆盖零件，不易纳垢且容易清洁，注重个人卫生健康，符合人们的心理预期；贴合手掌尺寸的杯身，提供更好的抓握感，便于携带且拓宽了应用场景。另外，Phaos cup可单手双指操作的创新设计也为残疾人群提供了生活便利，提升幸福感；可重复使用的特性减少对一次性咖啡杯的依赖，使其不但可持续使用而且更环保。

图3.1-6　智能水杯

3.1.3　基于活字印刷的校园文创产品设计案例解析

（1）课题简介

随着科技的发展，传统的活字印刷技术逐渐淡出人们的视野，但独特的历史价值和艺术魅力使其在文创领域具有巨大的潜力。本课题旨在通过设计一款以活字印刷为基础的文创系列产品，探讨如何将传统印刷技术与现代设计理念相融合，打造具有创新性和市场竞争力的产品（图3.1-7）。

（2）课题背景

活字印刷作为一种古老而优美的印刷技艺，自发明以来在人类历史的各个阶段都扮演着重要的角色。活字印刷所带来的独特质感、手工制作的匠心以及文化传承的价值，使其在当代社会依然有着重要的地位。文创产业的崛起为传统工艺注入了新的活力，活字印刷作为文化遗产的一部分，有着巨大的潜力，可以通过创意设计和现代化的市场推广重新受到人们的关注。通过将活字印刷技术融入文创产品的设计，挖掘活字印刷的历史文化内涵，在传统与现代之间找到一个平衡点，为消费者带来既富有历史感又具有创新性的产品体验，同时推动活字印刷的复兴，并为文创产业注入新的活力。

（3）前期调研

①相关非遗文创产品的调研

数字化的发展使得设计的表现形式更加多样化，涵盖文创产品设计、动漫插画、新媒体、虚拟现实等多个领域。在现有的非遗文创产品中，存在多元化的表现形式。文创产品以一种或者多种文化为基础，用不同的载体进行表现，传达其中所蕴含的文化内涵，让文化成为"物"承载的内容，通过人的参与，一起塑造来自文化的力量。

②课题相关调研内容

a. 大连工业大学相关内容调研

收集大连工业大学相关设计元素（图3.1-8、图3.1-9 ）。

b. 活字印刷相关内容调研

活字印刷术方法原理：先制成单字的阳文反文字模，然后按照稿件把单字挑选出来，排列在字盘内，涂墨印刷，印完后再将字模拆出，留待下次排

图3.1-7　校园文创产品设计（设计：大连工业大学学生王欣；指导教师：李立）

图3.1-8　大连工业大学logo

图3.1-9　大连工业大学建筑

印时使用（图3.1-10）。

（4）设计阐述

①基于活字印刷效果的主题文字设计（通过软件模拟实际印刷的效果）

设计主题使用此样式文字效果，在视觉上还原活字印刷的形式（图3.1-11）。

②方案以印章的形式作为文创产品呈现

方案一为活字印刷同大连工业大学建筑的融合设计，首先选取校园标志性建筑进行抽象提取，在此基础上进行印刷效果的制作，然后将其赋予到产品上（图3.1-12）。

方案二是以综合楼A、综合楼B、南门、图书馆为例，将大连工业大学标志性建筑图案应用于食品设计及食品包装设计中（图3.1-13、图3.1-14）。

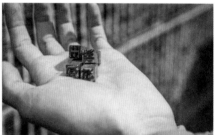

图3.1-10　活字印刷（图片拍摄于大连时光印记）　　　　图3.1-11　活字印刷字体

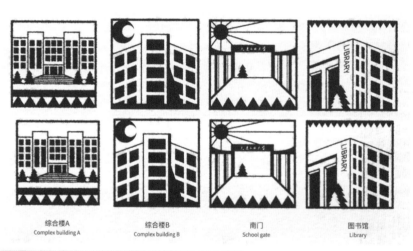

综合楼A
Complex building A

综合楼B
Complex building B

南门
School gate

图书馆
Library

图3.1-12　大连工业大学标志性建筑的元素提炼

图3.1-13　食品包装设计

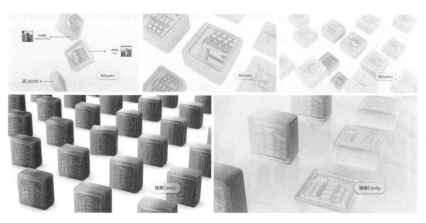

图3.1-14　食品设计

3.2 视觉与设计

3.2.1 视觉及其规律

（1）视觉系统

视觉是最重要的感觉，人类至少有80％的外界信息由视觉获得。视觉系统由眼睛、视神经和视觉中枢构成，视觉的适宜刺激是波长在380～760nm范围内的可见光。

视觉的形成过程：物体反射的光线通过角膜，由瞳孔进入眼睛内部，再经过晶状体的折射在视网膜上形成物像，视网膜上的感光细胞受到刺激后产生神经冲动，将物像信息通过视神经传递到大脑的视觉中枢从而形成视觉。

（2）视觉机能

视觉的机能是视觉器官对外界事物的识别能力的总称。

①视角 视角是被观察物体尺寸范围的两端点光线射入眼球的相交角度，视角的大小与观察距离及被观察物体上两端点的直线距离有关，如图3.2-1所示。视角可用式 $\alpha = 2\arctan\dfrac{D}{2L}$ 表示。

眼睛能分辨被看物体最近两点的视角，称为临界视角。视力以临界视角的倒数来表示。当临界视角为1分时，视力等于1.0，为正常视力。

②视野 视野是指人的头部与眼球不动的状态下，观看正前方的物体所能够看到的空间范围，通常用角度来表示。

水平视野：如图3.2-2所示，人的水平视野，双眼视区大约在左右60°范围内，其中10°～20°范围内能够很好地辨识汉字，5°～30°范围内可以辨识字母，30°～60°范围内可辨识颜色。人的单眼视野界限在标准视线每侧94°～104°范围，而人最敏锐的视力则在标准视线每侧1°范围内，在这一范围内，人可以准确区分任何一个细节。

垂直视野：如图3.2-3所示，人的垂直视野的范围大约在标准线以上50°和标准线以下70°范围内，

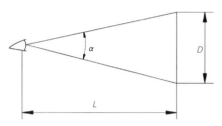

图3.2-1 视角原理

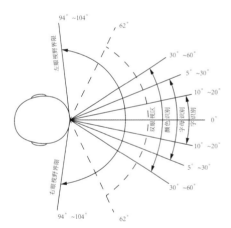

图3.2-2 水平视野

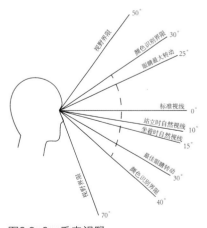

图3.2-3 垂直视野

颜色识别界限在标准线上30°和标准线下40°。人在一般状态下，站立时的自然视线低于标准线10°，坐着时的自然视线低于标准线15°。人在非常放松的情况下，人的自然视线低于标准线30°左右，因此，观看事物的最佳视区是在低于标准线30°的范围内。

色视野：人眼对各种颜色的可辨别范围是不一样的，如图3.2-4所示。白色的视野最大，在水平方向能达到180°左右，垂直方向能达到130°左右。绿色的视野是最小的，水平方向60°左右，垂直方向40°左右。在各种界面的色彩设计中应注意不同颜色的色视野的差异。

③视距　视距是人在工作过程中正常的观察距离。通常情况下，距离观察目标在38～76cm之间为宜。一般应根据观察目标的大小、形状以及具体工作要求确定视距，见表3.2-1。

（3）视觉规律

①眼睛沿水平方向运动比垂直方向运动快且不易疲劳，因此，很多显示或操作界面的设计会优先按照水平方向布置。

②视线习惯于从左到右、从上到下和顺时针方向运动。常见的汽车仪表盘整体按照从左到右的水平方向布置，每个表盘读数按顺时针方向显示。

③人眼对水平方向尺寸和比例的估计比垂直方向尺寸和比例的估计要准确得多，以仪表为例，水

表3.2-1 几种工作任务的视距推荐值

任务	举例	视距/cm	固定视野直径/cm	备注
最精细的工作	维修手表、手机等	12～25	20～40	坐着，部分依靠放大镜、显微镜等辅助
精细工作	安装电视机	25～35（大多为30～32）	40～60	坐着或站着
中等粗活	在印刷机、机床旁工作	<50	<80	坐着或站着
粗活	包装、粗磨	50～150	30～250	多为站着
远看	看黑板、开汽车	>150	>250	坐着或站着

平仪表的误读率为28%左右，垂直仪表的误读率为35%左右。

④当眼睛偏离视觉中心时，在偏移距离相等的情况下，人眼对左上限的观察最优，其次是右上限、左下限，而右下限最差。因此，设计中的重要信息应尽量布置在视觉区域的左上部或中上部。

⑤两眼的运动总是协调同步的，设计中采用双眼视野作为设计依据。

⑥人眼对直线轮廓的辨识优于曲线轮廓。

⑦颜色对比与人眼辨色能力有一定关系。当人从远处辨认颜色时，从易到难的辨认顺序是：红、绿、黄、白，即最易辨认的是红色，最难辨认的是白色，所以很多危险、紧急的信号多用红色传达。

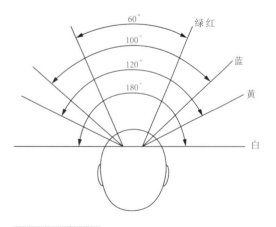

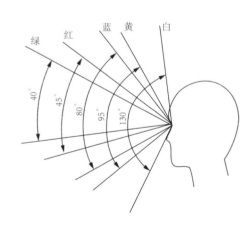

图3.2-4　色视野

3.2.2 视觉与产品设计

（1）产品视觉要素设计

产品的功能、操作、运行状态等是通过产品的视觉信息显示出来的。视觉信息包含图形、文字、图表、颜色等要素，它们承担着人机系统中最重要的信息传递功能。产品的视觉要素设计包括文字设计、图形设计、图表设计、色彩设计以及布局设计。

①文字设计

文字在显示界面中的地位无可替代，显示界面中的文字一般需要内容精炼、易读，用尽量少的文字传达准确的信息内容，减少版面的信息负载。"为了清楚地显示信息，使人能够准确而迅速地认读，必须根据人因工程学的要求，寻求字符的最优设计。"

a. 字符形状　字体的可辨性和识别性是文字设计的基本要求。一般来说，直线和直角尖角的字形优于圆弧曲线笔画的字形，正体字优于斜体字。汉字的识别性以仿宋体、黑体（等线体）为最佳，其次是宋体。普通宋体用于书籍报刊印刷，应用最广。而尺寸较大、要求识别性高的字体（路标路牌、车船航班表、大型包装物上的说明等）多用黑体。家用电器上的文字根据不同风格而定，一般使用微软雅黑或黑体标注在功能按钮旁边。大写的拉丁字母中直线笔画多，而小写的拉丁字母中圆弧笔画多，因此大写字母的识别性优于小写。直体字母、直体数字的识别性优于斜体。

一些汉字、字母或数字的形状存在一定的相似性，容易造成混淆，例如，汉字中的"人"和"入"，字母"O"和数字"0"。设计中经常采用将差异点适当扩大、强调，使差异明显起来的方法避免字形间的混淆。

b. 字符大小　字符大小直接影响文字的可读性和清晰性，在光照满足视觉观察的情况下，字符大小与观看距离和观看角度密切相关。字符的高度尺寸一般宜为观察距离的1/200，字符的宽度与高度比为0.6～1，见表3.2-2。

当观察者处于运动状态时，需要按照运动距离计算字符大小，例如高速公路指示牌上的文字，要求驾驶员在行驶过程中能够注意到路牌并辨别出文字内容，此时的视距应从注意到路牌开始计算，而不是静态观察路牌的距离。当观看角度偏离视觉中心较大时，需要根据实际情况改变文字的宽高比，例如：城市道路地面上的文字标志，对文字进行拉长处理，使处在运动中且视高偏低的驾驶员能够更好地分辨文字内容。当界面中有一些关键信息需要更加醒目、能够引起注意时，字符尺寸要适当加大。字符稍大一些，对文字认读的正确率和迅速性均会有所提高。

表3.2-2　一般条件下字符高度与视距的尺寸关系

视距/m	1	2	3	5	8	12	20
字符高度/mm	4	8	12	20	32	48	80

c. 字符笔画的粗细　字符笔画粗细的设计原则包括：笔画少字形简单，笔画应该粗一些，反之则细；光照弱的环境下笔画需要粗，光照强的环境下笔画需要细；浅色背景下深色字笔画需要粗，反之则细；视距大而字符相对小时笔画需要粗，反之则细。

d. 字符颜色　字符与背景的色彩搭配对视觉辨认性有很大影响，见表3.2-3。设计的文字符号同背景颜色有明显的对比，让文字符号有种脱颖而出的感觉，同时又不能太耀眼，以免影响识别的准确性。环境照明度低时，字符同背景之间的色差对比性可强一些；反之，色差对比性可设计得稍弱一些。

表3.2-3　字符与背景的色彩搭配与辨认性

效果	清晰的配色效果										模糊的配色效果									
顺序	1	2	3	4	5	6	7	8	9	10	1	2	3	4	5	6	7	8	9	10
底色	黑	黄	黑	紫	紫	蓝	绿	白	黑	黄	黄	白	红	红	黑	紫	灰	红	绿	黑
被衬色	黄	黑	白	黄	白	白	白	黑	绿	蓝	白	黄	绿	蓝	紫	黑	绿	紫	红	蓝

②图形设计

信息界面中的各种图标是将信息利用设计的方法转化为易于人们识别的视觉图形。与普通图形相比，信息图形的设计需要遵循以下原则：

图形设计的内容和含义不应过多，以便人们能够读懂且不产生歧义。如图3.2-5所示，图标包含的要素很多，让人无法快速理解它的意思，特别是图标缩小后，更加难以辨别。

图形设计形态应该尽量简单、明了，突出所表示对象的主要特征。以下是两个来电显示图标，图3.2-6用最具代表性的话筒表示，非常简洁；图3.2-7图形相对复杂，会增加人眼的识别时间。

图形设计形态应该易于理解、易于记忆、易于分辨。下面两组卫生间标识，图3.2-8是较为常见的表现形式，创意一般，但表意清晰，简洁易懂；图3.2-9两个标识相似性较大，需要仔细观察才能分辨。

图形的边界应该明确，尽量采用封闭轮廓的图形，可以更好地吸引目光积聚。如图3.2-10和图3.2-11所示，同样的图形加上轮廓后，图形更

加独立，整体感更强。

具有通识性的图标设计应当借鉴日常约定俗成的形式，在保持主要特征不变的前提下可以在图形局部或色彩等细节方面做一些设计，如图3.2-12所示。功能性图标是界面中直接参与交互流程的，此类图标的设计需要注意不同图标的视觉差异化、形态合理化、尺寸规范化等。在同一个界面中，每种图形元素都应遵循局部服从整体的原则，一个系列的图标应该在尺寸、颜色、风格上保持统一。

③图表设计

信息图表是将数据可视化的一种最基础和最直观的方式。图表设计需要选用与数据特点相匹配的图表模型对数据进行分析，再设计相应的视觉图形，可以对图表的具体表现形式进行创新设计。常

图3.2-8　易于理解和分辨的图标　　图3.2-9　不易理解和分辨的图标

图3.2-5　要素较多的图标

图3.2-10　无边界图标　　图3.2-11　边界明确的图标

图3.2-6　形态简洁的图标　　图3.2-7　形态复杂的图标　　图3.2-12　通识性图标（主页、电源、打印机）

用的图表模型有柱状图表、饼状图表、折线图表、雷达图表和散点图表。

柱状图表侧重于比较不同项目或不同时间段内单组或多组数值的变化，如图3.2-13所示；饼状图表可以展示相对简单的比例关系，如图3.2-14所示；折线图表适合展示某个或多个项目随时间或有序类别而发生的变化，如图3.2-15所示；雷达图表主要用于显示每组数值相对于中心点的变化情况，如图3.2-16所示；散点图表是利用散点分布

形态反映变量统计关系，如图3.2-17所示。

④色彩设计

色彩是一种有效的信息呈现方式，科学的配色方案可以优化信息界面，增加界面的感染力，带给人不同的情感体验。

色彩在长期的图标应用过程中已经形成了一些固有的语意。色彩的冷暖感、轻重感、前后感，色彩引起人或活泼、或安静、或紧张等的心理感受，设计目标的属性、设计要求等，都是在进行色彩设

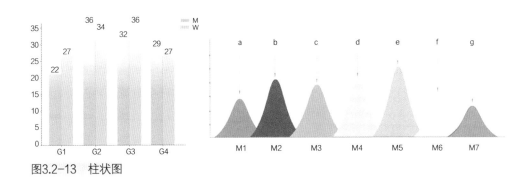

图3.2-13 柱状图

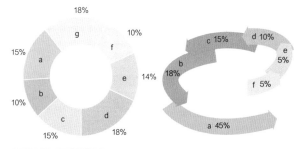

图3.2-14 饼状图

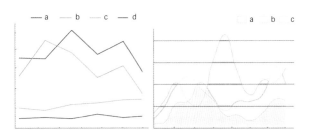

图3.2-15 折线图

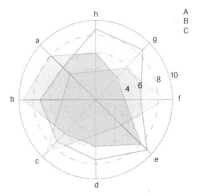

图3.2-16 雷达图

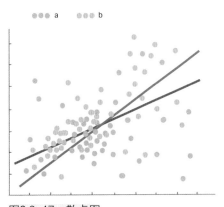

图3.2-17 散点图

计时需要综合考虑的因素。特别是一些具有通识性质的图标，其用色有着一定的规范要求。例如在交通标志中，红色用于禁令标志，黄色用于警告、注意标志，蓝色用于指示标志。

色彩可以对界面进行视觉区域的划分，创造出秩序感，同时，色彩能够体现不同行业和领域的特点。例如，某些医院App界面采用绿色为主要颜色，通过绿色的色块、线条、图形等标识出不同的区域和功能，界面整体干净整洁，绿色又象征着生命和希望，是医疗行业的常用色；一些旅行App界面以蓝色为底色，体现严谨和可靠，采用不同饱和度的蓝色区分不同的区域，突出整体感和色彩层次，界面中也常常运用红色、橙色、绿色等亮色，增加界面的活泼和时尚感，体现服务性行业的特点。

⑤布局设计

视觉界面的布局设计是将所有视觉元素进行整合。整合的过程首先是按照整体布局的需要进行分组归纳，再根据其内在联系进行组织排列，设计好每组信息占用多少空间、信息与信息之间的面积比例等。

在整合过程中要特别注意的是，需要充分考虑到人的阅读习惯和操作过程，建立合理的视觉流程。视觉流程是视线随着信息元素在空间中沿一定轨迹运动的过程，它直接影响人们的使用体验和使用效果。产品界面中常用的布局方式是从左向右或从上向下的线性布局。图3.2-18是一款便携式破壁机的界面，左图整体信息分为三组，采用从上向

下线性排列，其中"启动/停止"按键放置在最下方，图标设计最醒目；右图是破壁机的功能选择界面，"豆浆"图标是此界面中的主要信息，放大居中显示，突出重点。

（2）视知觉的形式动力与产品造型设计

当我们看到一根倾斜的直线时，会自然感觉到这根直线偏离了原来竖直的或水平的"自然稳定"状态，呈现出向某一方向运动的趋势，给人一种不安定感，这种运动的趋势就是一种心理上的"动力"。实际上，物体本身并不存在这种"动力"，但这种"动力"却存在于人的知觉中，即视知觉的形式动力。视知觉的形式动力的构建是现实形态到知觉形态在人的大脑视皮层区域的力场下的同型建构的过程。

视知觉的形式动力的研究范畴主要在视知觉层面，强调视知觉的直接经验性，着眼于纯粹的视觉形式经验及心理分析。产品的造型是产品给人的第一印象，人可以通过对产品外部要素的观察初步构建出产品的视知觉形象。视知觉的形式动力理论作为产品造型设计的重要指导思想之一，在三维造型层面主要表现为倾斜、变形和频闪三种基本式样。

①倾斜式样

倾斜是指偏离了正常状态的物体有一种看上去似乎是要努力回复到正常静止状态的动势。倾斜打破了稳定形态，给人以心理上的牵引，使造型更加灵动。图3.2-19呈现出的倾斜式样中，图a的造型为稳定状态，图c的动态感大于图b。图c所呈现出来的倾斜动力式样又称为楔形，楔形所产生的动力是由较宽的一端向较窄的一端逐渐加强的，形成一种动态的汇聚力。

图3.2-18 便携式破壁机界面（设计：吴然）

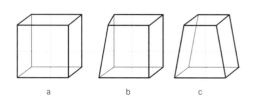

图3.2-19 倾斜式样示意图（绘图：潘婷）

图3.2-20是一款定位于东坡禅茶文化的茶具设计，茶壶壶身上下分别由两个方向相反的楔形形态构成，上部的楔形将人的注意力集中到壶盖和把手所要传达的"一蓑烟雨任平生"的意境中；下部的楔形使壶身看起来更加轻巧；锥形的香插与线香的组合展现出无限的向上延伸感，更凸显出"悠然天地间"的禅意。

②变形式样

变形是物体偏离了"正常"的形状，就像有某种拉力或推力作用到了一个稳定形态的物体上，将它伸展、压缩、扭曲、弄弯等，而物体则表现出一种似乎要对抗这些力的反作用力的趋势。如图3.2-21所示，正方形呈现出一种稳定的形态，通过变形后形成一种扭曲、压缩、伸展或弯曲的形式动力，使之具有一定方向性的动势。虽然变形式样所呈现出的知觉动力没有正方形、圆形等所呈现的稳定，但是能给人更加活泼、充满变化的新颖感。曲线的运用常常是获得变形动力的有效方法。

如图3.2-22所示飞行器的概念设计，形态来源于传说中亚特兰蒂斯的环形结构与水生物的结合，流畅的曲线和婉转的曲面带来生动而富有形式张力的整体造型，给人优美而又充满未来科技之感。

③频闪式样

频闪指的是视觉对象的形式基本一致，但它们的某些知觉特征，如位置、大小或形状等，又不一定完全相同。频闪式样看起来像物体在一个方向性的推动力的作用下产生位移，从而频闪出一系列相似的形态，这些连续的形态会在我们的视觉中形成一种方向性的"力"。如图3.2-23所示，从正方形到圆形的重复且连续的形变变化，体现出在平面和空间上的位移运动动势。

产品造型中常用造型元素的重复出现来获得运动感。如图3.2-24所示的饰品设计，采用盛开的莲花花瓣的形状作为造型的主要形态，这一元素左右对称式地重复出现，在形态和大小方面做渐变式变化，创造出有节奏的韵律美。

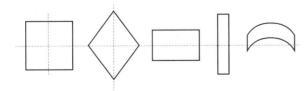

图3.2-20 "一味"——东坡禅茶文化茶具设计（设计：郑建鹏）

图3.2-22 飞行器概念设计（设计：高力夫）

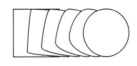

图3.2-23 频闪式样示意图（绘图：潘婷）

稳定形　　扭曲张力　　压缩张力　伸展张力　弯曲张力

图3.2-21 变形式样示意图（绘图：潘婷）

图3.2-24 盛唐主题饰品设计（设计：吕嘉慧）

3.2.3 图标设计案例解析

如图3.2-25所示是一组图标设计与修改的案例练习，设计内容是为5个银行业务方向分别设计一个恰当的图标。银行业务方向包括：话费充值、生活缴费、我要转账、投资理财和信用卡还款。

（1）设计要求

1～4名学生一组，从5个银行业务方向中选其一进行图标设计，要求设计符合主题，形象简洁、易识别，色彩符合生活认知。

（2）图标初步设计

各小组讨论设计创意，绘制设计草图，用电脑软件绘制最终方案，并附设计说明，设计结果见表3.2-4。

（3）图标测评

将5个图标打乱顺序制成测评表格，见表3.2-5。组织其他班级学生进行图标识别测评。测评时，由两名学生分别负责操作和计时，记录每位受测者的识别结果、识别用时和识别原因，如图3.2-26所示。识别原因即测试人询问了解被测试者是通过图标上的什么要素或哪一部分判断其含义。

测评完成后，对所有样本数据进行梳理，统计准确率和识别时间，总结识别原因，汇总到表格中，见表3.2-6。

（4）图标分析与修改

每组学生根据测评反馈，找出设计的问题所在，文字分析图标设计的优势和不足之处，并对图标进行二次修改，见表3.2-7。

表3.2-4　　　图标设计与说明

业务方向	图标设计	设计说明	小组成员
话费充值		采用传统电话的形态，"¥"是人民币符号，代表充值，两个符号叠加体现话费充值的含义，蓝色与"业务"属性相符合。	沙虹宇、吴若溪、战玉茁、崔潇元
信用卡还款		设计突出"信用卡"和"还款"两个关键词，蓝色底为信用卡形状，黄色剪头指向信用卡表示还款，左上角强调金钱属性，黑色边框使图标边界更清晰。	刘芮名、张文馨、孙荣蓉、李柠宇
生活缴费		代表生活的是图标中的房子元素，生活缴费中最具代表性的就是水费，所以将水的元素放在房子的正中间，旁边再设计一个金钱的元素代表缴费。房子的蓝色外框与水滴相呼应。绿色的圆框凸显内部元素。	张雨竹、石恩绮、孙炜垚
投资理财		主体图案由股票上涨的图形构成，箭头代表投资涨幅。将柱状图中的两组替换成金币，使图形更加生动。右下角的铜币形状进一步明确与金钱之间的关系。整体配色简洁、理性。	刘荣峥、万柏菲、梁夏雪、谢乐言
我要转账		设计突出"转换"这一概念，颜色上选用了橙色和红色。把转换的概念图与代表人民币的金钱符号融合在一起，突出"人民币的转换"。为了增加辨识度，转账标识用了突出的红色，剩余部分用浅黄色增加视觉效果的层次变化。	白紫涵、万冰冰、战明萱、陈小雨

图3.2-25　图标设计案例

图3.2-26　测评过程

表3.2-5　　图标识别测评表格

图标	话费充值	信用卡还款	生活缴费	投资理财	我要转账	识别时间	识别原因

表3.2-6　　图标识别测评结果汇总

图标	统计项目			
	正确人数（样本数21）	准确率	用时区间/s	识别原因总结
话费充值	19	90.5%	1.68~8.89	电话图形与话费有关
信用卡还款	14	66.7%	1.95~6.1	方形与信用卡形状相似
生活缴费	12	57.1%	2.15~11.56	房子、水滴、金钱符号与生活和缴费有关；用排除法
投资理财	19	90.5%	1.25~25	钱币和上升箭头与理财有关
我要转账	12	57.1%	1.92~22.57	箭头和钱币符号与转账有关；用排除法

表3.2-7　　图标修改与分析

业务方向	修改前图标	修改后图标	修改说明
话费充值			原图标电话形象中的金钱符号容易被忽略，降低识别性。修改了电话的轮廓，使之更加简洁，方便人们一眼辨识；如电话中间的金钱符号添加圆形白底，提高符号的显眼度和辨识度。
信用卡还款			第一版标志对信用卡的"还款"属性表达得不够清晰，识别人数偏少，辨识度较低。修改后的图标将钱币符号与信用卡叠加，使画面整体性更强，右上角添加时钟突出"还款期限"的含义。
生活缴费			有51.7%的人正确识别出"生活缴费"的含义，是因为"房子""水滴""金钱"等典型符号。不足之处在于元素单一，使人联想到其他含义，如"房子"元素也会使人联想到公益、理财等信息。修改方案在原来图案基础上添加"电"的元素，最中间水电结合，让人联想到生活所用的水电，使图标的"生活缴费"寓意更加突出。
投资理财			初版辨识度较高，但辨识速度偏慢。考虑到可能是图标缩小后细节符号过多，难以辨识。修改后的图标减少了细节修饰，适当调整了主图与右下角铜币的比例，并调整了铜币内部形状，使之更加形象。此外，更改了图标整体颜色，使蓝白对比更加强烈，易于辨识。
我要转账			从测评结果看，图标的辨识度偏低，辨识时间相对较长。修改方案从辨识度和通用化方面入手，放大代表转账的交互剪头，使其辨识度增加；将颜色改为绿色，突出交易转账的便捷性和人性化；增加标志外框和右上角的银行卡外形，使转账的含义更加突出。

3.3 听觉与设计

3.3.1 听觉

（1）听觉系统

人的听觉器官是耳朵。外界的声音被耳廓收集，经外耳道到达鼓膜，引起听骨链（听骨链由锤骨、砧骨和镫骨构成）的机械运动，能量传入了耳蜗中的内外淋巴液，变成液体振动，基底膜上的毛细胞运动产生生物电活动，机械能转变为神经冲动，通过听神经，上传神经通路，到达大脑皮层听觉中枢，这便是听觉产生的生理过程，如图3.3-1所示。

（2）听觉范围

人耳能够听到声波的范围有两个方面：一个是声波的频率范围（单位为赫兹Hz），一个是声强级的幅值范围（单位为分贝dB）。人刚刚能听到的最小强度声音，称为相应频率下的"听阈"值。最大强度使耳膜引起疼痛的极限声强，称为相应频率下

的"痛阈"值。听阈和痛阈是随声强级和频率变化的。人耳可听到的声波频率范围是20～20000Hz，这个范围内的音频信号，称为可闻声。人耳对中频段1000～4000Hz的声波最敏感。可闻声必须达到一定强度才能被听到，听力正常的青年人在良好的听音环境下，在800～5000Hz的频率范围的听阈可接近0dB。当声音的声强级增大到120dB，人耳会不舒服，大于140dB时，达到痛阈，见图3.3-2。

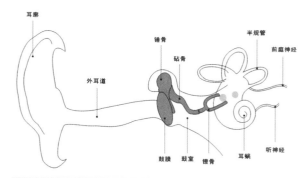

图3.3-1 人的听觉系统示意图

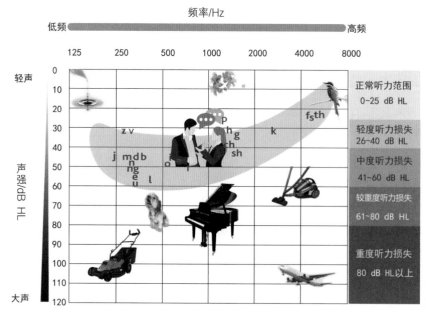

图3.3-2 听阈范围与能力损失程度图示

人的听力感受随着年龄的变化而变化。日常生活中，年轻人的听力普遍要好于年长的人。但是对于1000Hz以下的低频段声音，由于低频率声音的穿透力比较强，听觉灵敏度几乎不再受年龄的影响。这样，在听觉器设计方面，当考虑更广泛的使用和受众人群时，可以使用1000Hz左右的低频率声音来传递相关信息。

（3）听觉特性

①听觉的掩蔽性

听觉的掩蔽性是指人耳的一种听觉现象，一个较弱的声音被一个较强的声音所掩盖，此现象也被称为"掩蔽效应"。掩蔽效应在生活中很常见，在公交车上说话需要很大声，对方才能听清，这是因为公交车发动机的噪声将说话声音掩蔽，公交车发动机的噪声成为掩蔽声，说话声音成了被掩蔽声。通过听觉的掩蔽效应，人们发明了隔音效果优异的耳机，用耳罩把耳朵包裹好，或入耳式耳塞把耳朵密封好，这样音乐声就能掩蔽外界噪声。

②双耳的立体性效应

听觉的立体性效应是指双耳对于声音方向和距离的辨别能力。人的双耳，不是各听各的，它们有分工有配合，如果少了一个耳朵，将失去对声音方位的判断。双耳效应，让人们可以清晰地辨别出每一种声音来自何方。过马路的时候，通过双耳效应，可以清晰地辨别出每一辆车来自前、后、左、右的哪个方向，由此注意避让来往的车辆，保护自己的人身安全。立体声广播节目，就是利用了双耳效应，设立了左右声道，人耳对声音方位判别，从而感受不同的音乐效果，实现一种震撼的、立体的，甚至是多维的效果，给人一种身临其境的感觉。

③听觉的选择性

听觉的选择性，就是指人的耳朵具有单独选择一种声音聆听的功能，这是人耳的一个特性。在比较嘈杂的环境中依然可以交流，是因为人耳可以对声源进行有选择的聆听。人工智能的语音识别，就是模仿人耳的这种听觉选择特性，从众多的噪声和自然环境噪声中，通过软件技术、频谱识别、频率过滤等综合技能捡拾有用的语音信号，加以滤波放大，最后得到一个相对干净的语音。

④听觉的适应性

听觉的适应性是指如果以一定频率的声音刺激听觉器官，将会降低对该频率以及同它相邻频率声音的感受性。上课时教室外工地出现机器的嘈杂声，随着时间延长，慢慢地对其感受性会降低，但对老师讲课声音的感受性并没有同时降低。如果声音较长时间（数小时）连续地作用于人们的听觉器官，则会发生听觉疲劳。这时，引起听觉的感受会显著降低，即便是在声音停止作用后还持续较长一个时间，这是不同于听觉适应的。（听觉适应在刺激停止后，感受即得到恢复。）例如进入某机器轰鸣的车间，一段时间后再出来，听觉就会暂时降低一段时间。如果这样的疲劳性刺激积年累月发生，就会引起职业性听力下降或耳聋。

3.3.2 听觉与产品设计

听觉信息传示的优点主要表现为听觉信息传示迅速、反应快，被广泛应用于一些不利于采用视觉信号传达或视觉负担较重的作业环节，以及信号简单、简短，传示后无必要查对的情况。听觉在设计中的应用，主要是利用声音引起警觉，起到报警作用；传递声音信息，通过听觉提示音提供操作反馈等。听觉信息传示装置依据传递声音的类别大致分为两类：一类是音响及警报传示装置，另一类是言语传示装置。

（1）音响及警报传示装置

音响及警报传示装置主要包括如哨笛、汽笛、蜂鸣器等各种铃声装置和各种警报装置等，用来反映工作状态、安全警示等方面信息。如洗衣机工作结束时的"滴滴"声，它是听觉信息传示装置中声压级较低、频率也较低的装置；警报装置如防空警报、火警警报等声音强度大，频率由低到高，声音传播较远，穿透力较强，它可以抵抗其他噪声的干扰，引起人们的注意并强制性地接受（表3.3-1）。

表3.3-1　几种常用听觉信号的频率和强度

分类	听觉信号	平均强度水平/dB		主宰可听频率/Hz
		距离3m处	距离0.9m处	
大面积、高强度	100mm铃声装置	65～77	75～83	1000
	150mm铃声装置	74～83	84～94	600
	250mm铃声装置	85～90	95～100	300
	喇叭	90～100	100～110	5000
	汽笛	100～110	110～121	7000
小面积、低强度	重声蜂鸣器	50～60	70	200
	轻声蜂鸣器	60～70	70～80	400～1000
	25mm铃声装置	60	70	1100
	75mm铃声装置	63	73	650
	钟声	69	78	500～1000

音响及警报传示装置设计必须考虑人的听觉特性，及装置的使用目的和使用环境，设计时需注意以下几点：

①为了提高听觉信号的传递效率，在有背景噪声的场合，要把声音显示装置和报警装置的频率选择在噪声掩蔽效应最小的范围内，使人们在噪声中能辨认出听觉信号。

②对于警报装置可用声音强度大，并且有频率变化的声音信号。可使音调有上升和下降的变化，如急救、火警、匪警的警报器设计。

③当有多个听觉信号的时候，听觉信号之间应该有明显的差异性。同时，一种信号在所有时间内、所有情况下应该代表同样的信息意义，这样能够提高人们听觉反应速度，以及避免对信号的混淆，提高声音装置传递信息的效度。

④危险警报信号要与其他声音信号或噪声有明显区别，设计时考虑至少有声压、频率或持续时间

等声学方面的参数，且危险信号的持续时间应与危险存在的时间一致。

（2）言语传示装置

人与机器的交互可以通过言语来传递信息。传递和显示言语信号的装置便是言语传示装置。言语传递包括生产、操作中各种语音信息的引导和提示等，为操作是否正确等提供重要的信息反馈。在工作中，言语信号指导故障检修或者指导操作者进行某种操作，有时候比视觉信号更为细致和明确。

言语作为信息的载体，具有传示应答性良好、传递信息量较大、接收迅速、信息含义准确等优点，但同时言语传示容易受到噪声的干扰，言语传示装置设计时应注意以下问题：

①言语清晰，这是言语传示装置设计的首要要求（表3.3-2）。

表3.3-2　言语的清晰度评价

言语清晰度（%）	人的感觉
96	言语听觉完全满意
85～96	言语听觉很满意
75～85	言语听觉基本满意
65～75	言语可以听懂，但很费劲
65以下	不满意

②言语的强度，当语音强度增至刺激阈限以上时，清晰度的分值也在逐渐增加，当语言强度达到130dB时，受话者会有不舒服的感觉，之后再高便会达到痛阈，耳朵的机能将会受损。因此，言语传示装置的语音强度最好在控制在60～80dB之间。

③在噪声环境中的言语传递。在降低噪声方面必须考虑到根据不同的作业环境选择合适的声音信号源强度，提高言语传示信号的可辨性，达到良好的传递效度。

3.3.3　白噪声播放器案例解析

（1）前期调研

人们将在人耳听觉范围内（20~20000Hz），响度均匀分布的声音定义为白噪声。白噪声是一种功率谱密度为常数的随机信号，此信号在各个频段上的功率是一样的，大脑很容易适应这种近均匀的振动频率，能让人在工作的时候更加集中注意力或者用来辅助冥想，放松与睡眠。听觉掩蔽性作用下，白噪声可以把一些周围嘈杂的声音弱化，起到一定声音治疗作用，是一种"和谐"的治疗声音。

白噪声播放器种类分为白噪声睡眠仪、白噪声音箱、婴儿哄睡仪、手握白噪声播放器等。绝大多数白噪声播放器是电子产品，类似于音响。通常用音频测试设备或通过对数字音频记录的电子反馈，来实时地产生声音。白噪声播放器通过持续输出均匀强度的白色噪声，来掩盖并减少背景声音和"峰值"声音的差异。配合音频控制芯片部件和扬声器组件进行发声，搭配杂音滤网和振膜技术，达到自然、立体、真实且身临其境的效果（图3.3-3）。

（2）白噪声播放器设计分析

①听觉信息方面

听觉信息是指白噪声的音源方面，除了通常下雨的声音、海浪拍打岩石的声音、风吹过树叶的沙沙声、高山流水瀑布小溪的声音等，还根据不同群体的不同需求和治疗方向，增加模拟生物细胞分裂的声音、纯音乐、木鱼敲打声、寺院唱诵等有治愈效果的声音，来放松心情、放空大脑，获得好的睡眠及充沛的精力，纯净内心，如图3.3-4所示。

②听觉信息传递方式

通过搭载App进行智能化远程操控、产品终端调控、声音场景选择、自定义导入音乐、定时服务、混音制作等方式播放声音信息，如图3.3-5所示。

③声音信息传示装置

声音传示除了直接外放，还可使用无线耳机连接功能，当手机连接耳机时，可以选择改为耳机播放，在特定情况下可以避免打扰周围人。

④其他人机交互展示

该产品设定了具有禅意的交互方式：

a. 触动"石头"，以水纹方向推动，如图3.3-6所示，呼吸灯会随之亮起，是一个循序渐进的过程，体现禅宗的宁静之感和平和心态，随后呼吸灯变亮，一场放空、洗涤心灵的声音之旅即将开启。

b. 禅者形象为开关，每次按动开关之时，会触发"禅定"之感，代表开启平静的禅意世界，还可手动调节水纹音量按钮，如图3.3-7、图3.3-8所示。

图3.3-3　"闻自在"——白噪声播放器设计效果图
（设计：大连工业大学学生关淮艺；指导老师：孙冬梅）

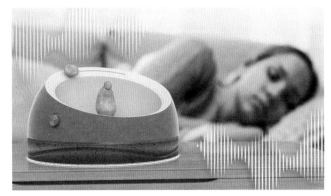

图3.3-4　产品使用效果展示

（3）总结

此白噪声播放器通过产品外观形态、色彩、材质设计与"禅意"的结合，提升文化意蕴；将禅意的语意与灯光效果结合，融入交互设计与体验，使用户操作时，通过互动的方式体会到禅意，增加产品趣味性；白噪声声音的采集与设置、声音传示的系列方式，使产品达到视觉、听觉设计和使用操作上的契合，满足用户平静内心、放松心情、辅助睡眠等需求，体现了听觉在产品设计中的独特应用。

图3.3-5　App操作使用效果展示

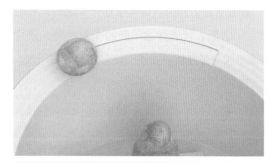

图3.3-6　"禅宗石头"氛围灯亮度调节滑块

图3.3-7　禅者形象总开关按钮

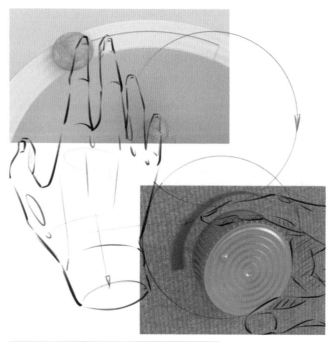

图3.3-8　"禅宗花园"水纹音量调节旋钮

3.4 触觉、嗅觉、味觉与设计

3.4.1 触觉与设计

（1）触觉

皮肤触觉感受器接受机械刺激产生的感觉，称为触觉。触觉是一种皮肤感觉。触觉的感知主要依靠人体的肤觉及触觉器官，即皮肤上遍布的感觉点。狭义的触觉，指刺激轻轻接触皮肤触觉感受器所引起的肤觉。广义的触觉，还包括增加压力，使皮肤部分变形所引起的触觉及压觉，一般统称为触压觉。

（2）触觉阈限

研究表明，人类皮肤能够感知振幅小至10nm的振动刺激，外界振动刺激引起皮肤表面下的组织位移，理想状态下，0.001mm的位移，就能够引起触觉。能被感知到的两个刺激点间最小的距离称为触觉刺激阈限（简称触觉阈限）。引起触觉的刺激强度，因身体部位的差异而不同。身体各部位皮肤的厚度、神经分布状况不同，导致身体不同区域的触觉敏感度会有差异。一般情况下，面部、口唇、手指等处的触点分布密度较高；背部和小腿等触点密度较低，所以指腹的触觉较灵敏，而小腿和背部的触觉则比较迟钝（表3.4-1）。同时，女性的触觉比男性较为灵敏。

表3.4-1 皮肤触觉刺激阈限（9.80665Pa）

身体部位	舌尖	指尖	手背	小腿	腹部	腰	足掌后部
刺激阈限	2	3	12	16	26	48	250

（3）触觉机能

①触觉识别

通过触觉识别物体的形状轮廓、硬度、光滑程度及表面肌理等机械性质，识别物体的表面特征（表面纹理、颗粒感、黏着度等）、空间特征（轮廓、形状、体积等）、材料属性（软硬度、密度、黏度等）。另外，不同材质的物体，其接触温度也不尽相同，而皮肤中的温度受体可以提供丰富的温度感觉信息，使得触觉甚至可以识别物体的材料组成，如金属、木头等。如图3.4-1所示，物体表面不同的肌理会带来不同的使用感受。

②触觉定位

触觉定位指的是对刺激作用在人体上的部位的分辨与判定。人体触觉定位的准确性与不同身体部位的触觉阈限、刺激强度有关。大量的实验结果表明，人身体具有精细肌肉操控的区域，触觉敏感度也相对更高，人的头、面部和手指的定位准确程度较高，指尖定位的准确度误差仅在1mm左右，上臂和大腿、

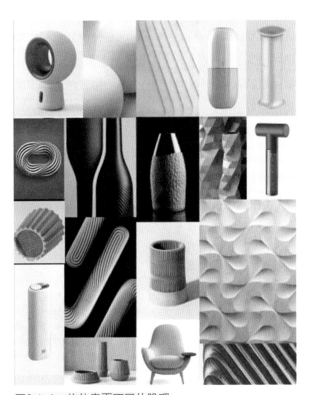

图3.4-1 物体表面不同的肌理

腰部和背部的定位误差较大，能达到10mm左右。这也是人体手指能够参与大量精细操作的重要原因。

③触觉通信

触觉通信指个体靠身体接触、感知震动来传递信息和进行交流。对于盲人来说，就是用触觉代替视觉，以手指、脚的触觉刺激来认知和识别物体（盲文、盲道）。"皮肤语言"的研制也是利用皮肤对受到刺激的部位、强度、作用时间和频率等的辨别能力，用触觉代替听觉和视觉的一种尝试。

（4）触觉在设计中的应用

①触觉编码设计

人机系统中触觉编码是快速识别及提高各种手柄、操纵器等装置操作准确性的有效方式，并且能获得更好的使用感受。常用的触觉编码方式有三种：

a. 大小编码　辨别物体的体积、长度、面积等。触觉对长度的辨别是最基本的辨别能力，并且，人的手指在感知物体长度时，其感知结果与手的运动方向有着密切的关系（图3.4-2）。

b. 形状编码　人用手触摸物体的时候能够精确地感觉到其平面和立体形状，能分辨其表面的质感特征。通过设计不同形状的操控器、手柄、按键、旋钮以及不同的材质质感等，提高触觉辨识度和使用舒适度。

c. 位置编码　人对空间中相对位置的记忆是以人的躯干为参照物的，人可以通过触觉来获取操控对象的相对位置信息。

触觉编码装置设计中，需注意以下几点原则：

a. 手的操控装置必须适合手的尺度，各操控

装置一定要有形状和大小的差异，立体特征明显，才能利于分辨。触觉在对操控装置辨别时，简单的形状比复杂的形状更容易辨别。

b. 形状要有一定的体量感。以手指的触觉刺激为例，操控面板中按键的设计需要一定体量、宽度、凸起高度等，只有手指在达到一定的力度，引起皮肤的变形时才能产生触觉，给人明确的力的信息反馈。

c. 系列操控器设计中，单独的操控器之间保持适当的距离以避免混淆，操作装置之间的距离一般不低于125mm。

②触觉控制界面设计

触觉控制界面设计中，触觉交流具有一些固有的优点：它们能很快"读取"输入的信息；它们可以被嵌入到日常用品和手势中；触觉是用来传达人的情感的极佳途径之一。人机界面的触觉交流有触摸操控、手势识别操控等形式。

a. 触摸操控　在智能产品界面中，通过硬件的振动等方式模拟人的真实触觉感受，提供人与产品的交流形式，也称为触觉智能反馈。通常应用于用户随身携带的手持、穿戴、触摸等设备上，现在也开始大规模应用于体感游戏、4D视频内容、机器人、医疗等领域，可以补充视觉和音频反馈的不足，增强互动效果，提升用户体验。在触摸控制界面设计中，触觉智能反馈设计不但要从电子工程和机械学角度知道如何最有效地利用电能设计元件结构，还需从心理学角度了解人体对哪些频率的振动最为敏感，这是触觉设计的重要内容。随着硬件厂商对用户体验的愈发重视，触觉设计在产品设计中将会得到更多的应用。

b. 手势识别操控　此类界面简单、易于识别，通常由一个、两个或更多手指完成的手势构成。对触觉手势笔画的识别，通过对用户的触摸行为进行细粒度表征组合、分类，用矩阵压力传感器进行系统实现。随着触觉、计算机视觉、声音控制和人工智能等技术的共同发展，人们将以更自然的

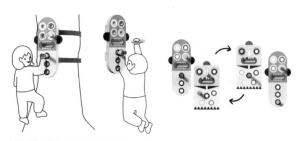

图 3.4-2　触觉操控的玩具设计（设计：孙超）

方式实现设备界面的触觉操控。

触觉控制界面设计需注意以下问题：

a. 触觉信息反馈以振动刺激、电刺激、空气流动等刺激形式出现，可根据不同的振动频率、不同的皮肤部位、不同的作用时间，对触觉的刺激信号进行混合编码，以形成大量不同形式的反馈。

b. 手势可以传递大量的信息。触觉手势传感设备的研发，计算机识别、解释和手势信息输入是手势应用于触觉控制界面的前提。

3.4.2 嗅觉与设计

（1）嗅觉

嗅觉是由物体发散于空气中的物质微粒作用于鼻腔上的感受细胞而引起的。在鼻腔上鼻道内有嗅上皮，嗅上皮中的嗅细胞，是嗅器官的外周感受器。嗅细胞的黏膜表面带有纤毛，可以同有气味的物质相接触。嗅细胞受到某些挥发性物质的刺激就会产生神经冲动，这种冲动沿嗅神经传入大脑皮层从而引起嗅觉。能引起嗅觉的物质需具备以下条件：容易挥发、能溶解于水或油脂。具有挥发性的、有气味的物质的分子，才能成为嗅觉细胞的刺激物。

（2）嗅觉阈

人类嗅觉的敏感度通常用嗅觉阈来测定。所谓嗅觉阈就是能够引起嗅觉的有气味物质的最小浓度。如用人造麝香的气味测定人的嗅觉时，1L空气中含有5E-10mg（数据的科学记数法，表示10的多少次幂，此处表示5乘以10的负十次方）的微量麝香人就可以嗅到。嗅觉的感受受到环境条件和人的生理条件的影响：温度有助于嗅觉感受，最适应的温度是37℃~38℃，清洁空气中嗅觉感受性较高。人在感冒时，由于鼻咽黏膜发炎，感受性会显著降低。

（3）嗅觉特性

①嗅觉的适应性

人们停留在具有特殊气味的地方一般时间之后，对此气味就会完全适应而无所感觉，这种现象叫作嗅觉器官适应，这也是鼻黏膜的嗅觉细胞及中枢神经系统指挥控制的结果。

②嗅觉和其他感官混合

嗅觉会伴有其他感觉，如闻到辣椒的辣味时常会伴有痛感，闻薄荷时会带有凉感。

（4）嗅觉在设计中的应用

嗅觉设计，是通过气味来传递信息，引起情感反应，让人对产品产生一种情景式联想和记忆。中国香氛潮牌——气味图书馆，就是从人的心理层面出发，以嗅觉设计的独特范式引起人的情感共鸣从而达到营销的目的。又如"凉白开香水的味道很清淡，很多人说有种老式雪花膏加铁锈味，也有人觉得闻上去有种小时候妈妈用铝壶烧开水，倒进搪瓷缸晾凉后的味道，很有情怀，很有安全感的味道"，它的推广语是"只有中国人才懂的味道"。每一款产品，都有专属的故事，都是一种情怀，都有一段那个味道勾起的回忆。气味图书馆是用嗅觉诠释设计，提升产品感官体验的一个很好的范例。

在设计中，将普通的牙刷做成糖果的味道，味道消失即在告诉用户，该更换牙刷了。将产品的使用期限，通过嗅觉元素潜移默化地告诉了消费者。将香水喷雾融入普通的电熨斗设计，清新的香气为产品增加了嗅觉元素，熨烫的衣服不仅平整，还带有一丝丝香气，使用户产生愉悦感，提升用户感官体验。嗅觉设计可从气味监控、除味、香气制造等方面入手进行设计，通过结合App、专用材料等保障产品功能，提高产品的可用性的同时，给用户更好的使用体验。

3.4.3 味觉与设计

（1）味觉

味觉也是人体重要的生理感觉之一，在很大程度上决定着个人对饮食的选择。味觉的感受器是味蕾，主要分布在舌表面和舌缘，口腔和咽部黏膜表面也有分布。人的味蕾总数约有10万个。儿童味蕾较多，老年人味蕾因萎缩而减少，辨别味道能力也就下降。味蕾是由味觉细胞组成的，可检测和辨别各种味道。味觉细胞周围有感觉神经末梢，当神经末梢被味觉细胞释放的味质激活时，产生神经冲动，传入大脑皮层的味觉中枢，引起味觉。

（2）味觉特性

①味觉敏感度

不同部位的味蕾对不同味道刺激的敏感度不同，一般舌尖对甜味比较敏感，舌两侧对酸味比较敏感，舌两侧前部对咸味比较敏感，而舌根部则对苦味敏感。味觉的敏感度常受食物或刺激物本身温度的影响，在20℃～30℃之间，味觉的敏感度最高。一般情况下，味蕾对苦味的敏感程度远远高于其他的味道，苦味强烈时，可引起呕吐或停止进食，这是一种保护性的反应。

②味觉的辨别能力

味觉的辨别能力也受血液化学成分的影响，例如，肾上腺皮质功能低下的人，由于血液中钠含量低而喜食咸味食物。因此，味觉的功能不仅在于辨别不同的味道，而且与营养物质的摄取和机体内环境调节的稳定性也有关系。

③味觉的适应性

人们由于生活环境和饮食习惯不同，对味觉的识别存在差别。这是由于呈味物质持续地接触、刺激味蕾，会使味蕾产生疲劳和适应。这种现象有一定的积累作用，这种积累对各地的风俗习惯及饮食习惯具有一定的影响。例如，华东及南方地区的人们喜欢清淡味菜肴，华北和东北地区的人们喜欢味浓的菜肴。由于味觉的适应性，不同地区的人们对菜的口味要求也不同，同样一个菜，有的人说太甜，有的人说不甜。

④味觉的疲劳现象

味觉是一种快适应感受器，长时间受某种味质刺激，对其味觉敏感度可降低，但对其他物质的味觉并无影响。

（3）味觉在设计中的应用

生活中，英国设计师希望找到一种方法来减少每年丢弃的大量可食用食品。香气探测设备由一个类似鼻子的手持传感器和一个小嘴形打印机组成，它根据香气检测器收集的信息可以检测食物新鲜度，输出食物建议，向人们保证食物仍然适合消费，以此消除浪费。

近年来，以神经拟态芯片为核心技术的"电子舌"模拟人的味蕾识别物质和味道，能在1分钟内识别多种液体，可以用于食品安全、工厂质检、疾病诊断、环保检测等方面，也为其相关的产品设计提供了更广阔的视角。

3.4.4　家用氛围音响设计案例解析

（1）设计调研

近几年，随着"氛围感"话题浏览量和火爆度的逐年攀升，当代用户对氛围的追求，很重要的一点就是打造一个令自己舒服的环境，让住房的氛围与舒适度符合自己的心意，而氛围感的塑造主要依靠灯光、音乐与香气。

大家普遍崇尚精简、把钱花在刀刃上等生活理念，同时挑选产品也更倾向于用一个产品解决多种问题。音响方面的产品不断更新迭代，在讲究生活仪式感的今天，多功能小型音响的需求呈上升趋势，便携、可移动的小型音响融合音响、香薰机、氛围灯等多种不同的功能，满足消费者的多种需求，让消费者根据不同的家居场景、使用位置灵活使用产品，使用户可以随时随地享受音乐，沉浸于听、知、触、嗅觉感受的美好氛围中，获得私人空间中的心灵放松，这也是未来的家居产品发展趋势（图3.4-3）。

（2）设计分析

①听觉

通过音响功放板，声音播放，满足音响的主要

图3.4-3　家用氛围音响使用场景图（设计：大连工业大学学生李铭玉；指导教师：魏笑）

使用功能需求，双层音孔的设计既起到一定的防水作用，美观性更好，又从听觉方面给用户更好的功能体验。

②触觉

音响的触觉编码设计，体现在手持部位的设计细节上，考虑可单手操作，形态上增加一个斜坡面，通过反复拿取确定形态宽度尺寸，如图3.4-4所示。

通过制作1∶1的草模进行拿、取、放等动作模拟，对手持的部位及其尺度、表面的质感与肌理反

复推敲，精心验证。通过验证，将产品由原来边长140mm的正方体调整为140mm×140mm×70mm的长方体，使其外观更加轻盈、不笨重，方便取拿，更加便携，草模制作如图3.4-5所示。

按键的设计考虑手指触控操作及按压力度，遵循一定体量、宽度、凸起高度等，引起皮肤的触觉刺激，给人明确的力的信息反馈，如图3.4-6、图3.4-7所示。

③嗅觉

香薰功能满足氛围音响沉浸式体验需求，营造舒心放松的休息家居环境。

（3）总结

该氛围音响集听觉、触觉、嗅觉在产品中的应用表达于一体，实现音响、香薰、氛围灯光表达等多种功能，满足用户模块化与多应用场景的搭配需求——产品每一模块可单独使用、放置，同时模块能够组合，便于灵活适配家庭多种使用场景（图3.4-8）。生活精细化的用户，可利用产品丰富情感体验，打造属于自己的专属空间和专属产品。

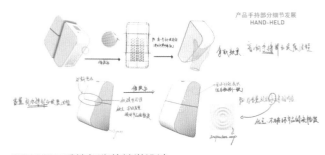

图3.4-4　手持部分的触觉设计

图3.4-5　氛围音响草模展示图

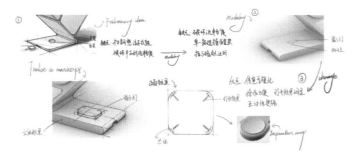

图3.4-6　按键细节设计草图

图3.4-7　按键效果展示

图3.4-8 使用操作人机图

3.5 多通道感知与产品设计

3.5.1 多通道感知

多通道感知是指个体在接收和处理信息时，通过不同的感官（如视觉、听觉、嗅觉、味觉、肤觉等）同时或交替地进行感知的过程。这种感知方式不限于单一的感觉输入，而是涉及多个感觉通道的相互作用和信息整合。包括（视觉-听觉）、（视觉-触觉）、（视觉-动觉）之间的联合。多通道感知不仅是人类的基本认知能力之一，而且是心理活动的一个重要方面。它体现了感知觉作为一个统一且相互联系的整体过程。

不同的感知通道之间存在交互作用，这种现象被称为多通道感知交互。人们的感知系统通过多种通道接收信息，包括视觉、听觉、触觉、味觉和嗅觉。这些通道之间相互作用和影响，使得一个通道接收到的信息可以影响另一个通道的信息处理。当来自不同感知通道的信息一致时，它们会相互增强，从而提高感知的准确性和可靠性，这种融合过程被称为多通道感知融合。例如，当人们看到一个物体移动时，视觉信息会与人的其他感知通道信息相互作用，帮助人们更全面地理解这个物体。人们不仅看到物体移动，还会感觉到它产生的风或者声音，这

些信息会进一步强化人对物体移动的感知。这种多通道感知融合有助于人们更准确地感知和理解周围的世界，使人们能够更好地应对复杂的环境和任务，获得更可靠和准确的感知结果。在做人机交互和用户体验设计时，考虑不同感知通道之间的融合是非常重要的，它可以提高用户的感知效果和满意度。

3.5.2 多通道感知在设计中的作用

由于多通道感知在人机交互和用户体验设计中有着重要的作用和优势，因此，在设计中需要综合考虑来自不同感知通道的信息，并利用这些信息设计更加自然、直观和可靠的交互体验。例如，当设计一个交互界面时，设计师不仅要考虑视觉元素，如颜色、布局和图标，还要考虑其他感知通道的元素，如声音、触感或振动。再如，很多博物馆展品在交互式展览中，通过触摸屏、气味和震动等手段，帮助观众以多种方式与展览内容进行互动，获得更加丰富和多维度的体验。多通道感知可以在以下几个方面提升用户体验：

（1）增强感知的真实感

通过多通道感知，用户可以获得更加丰富和

立体的信息。在交互设计中，除了传统的视觉和听觉通道，还可以利用触觉、嗅觉和味觉等多种感知通道，帮助用户更好地理解信息的含义。例如，在交互设计中，设计师可以通过视觉、声音、触觉等多种感知通道来提示用户操作步骤和反馈信息，从而降低用户的认知负荷，提高产品的易用性和可读性；在虚拟现实或增强现实中，通过视觉、听觉和触觉等多通道的刺激，创造出更加逼真的虚拟环境，为用户带来沉浸感和真实感。

（2）提高信息传递效率

通过多种感知通道同时传递信息，加快信息传递速度，提高用户获取信息的效率。人们可以通过多种感知通道同时接收信息，例如在语言交流中，人们不仅听到话语，还可以通过观察说话人的面部表情和肢体动作来理解信息。这种方式比单一通道的信息传递更为高效。

（3）增强用户参与感和互动性

多通道感知可以提供更丰富的交互方式和反馈机制，使用户能够更加自然和直观地与界面或设备进行交互。例如，在智能家居的交互设计中，用户可以通过语音、手势或体感等多种方式与设备进行交互，无需学习和适应特定的交互方式，提升用户与设备的互动体验。

（4）提供个性化的体验

不同的用户对于不同通道的敏感度不同。多通道感知可以满足不同用户的感官需求，提供更加个性化的用户体验。例如，对于视觉障碍者，可以通过语音和触觉等多通道感知来弥补视觉信息的缺失。使用多种感知通道，可以根据用户的偏好和需求为其提供个性化的体验。

（5）提高用户认知效率

多通道感知可以提供更加丰富和多样化的信息呈现方式，使人们更容易理解和记忆信息。例如，在教育领域中，通过视觉、听觉和触觉等多通道的刺激，学生可以提高学习效率和认知能力，更快地

理解信息和内容。

3.5.3　家庭用车后排空间优化设计案例解析

（1）前期调研

家庭用车消费已成为全球各类汽车消费的重要组成部分。随着美国社会学家雷·奥登伯格第三空间概念的提出，家用汽车的属性也快速从传统交通工具向驾驶者的第三生活空间转化。顺应时代的发展，人们对汽车后排空间的需求也日益多样化，如今消费者更加看重后排空间的易用性和舒适度等属性，因此，后排空间的设计已经成为汽车制造业中一个重要的研究对象，而汽车后排交互设计是研究的重中之重（图3.5-1）。

汽车后排交互的核心在于在各种用车场景下，用户都能够尽量快捷方便地获知想要的信息以及进行想要的操作。针对多人语音交互障碍问题，其拟定的优化方案采用的是在后排设立语音分区识别技术，如图3.5-2所示。

图3.5-1　家庭用车后排空间优化展示图（设计：大连工业大学学生宁冠宇；指导教师：高华云）

图3.5-2　语音分区识别技术

为高效率地配合后排乘客区域化的娱乐需求，考虑到常规音响阵列布局的扬声频次是以整个车厢内部为单位，为了保证后排的音响效果有立体、环绕的体验，同时满足多乘客不同的娱乐项目需求时，设计区域音响独立工作，如图3.5-3所示。

将儿童监管功能纳入车机功能中，通过摄像头、拾音器、超声波传感器配合车机实施儿童状态监测，根据量化指标，系统对驾驶员进行反馈，并适当地通过后排的屏幕和音响等设备改善儿童的情绪状态，如图3.5-4所示。

（2）交互设计展示

①听觉

通过独立音频、视频设备和车机运算系统将后

排空间设计为个性化娱乐互不干扰的区域化工作模式。头枕扬声器设计为车内区域立体环绕声场，满足个性化娱乐需求的同时，也提高了后排乘客的音频体验质量，如图3.5-5所示。

②视觉

车内无人状态下，用户在上车前根据场景需要使用移动端对车内座椅、空气等参数进行设置，邻近车旁时车窗通过投影的形式向用户展示信息，信息内容包括时间、空气内外循环状态、冷热风、室外温度、车内目标温度、车内实时温度、座椅形态布局、问好、车内遗留儿童等，如图3.5-6所示。

在车内，用户通过车窗信息交互了解到车内以及行程相关实时信息，信息内容包括时间、室外温度、车内温度、目的地、所在位置、路况信息等，如图3.5-7所示。

后排空调信息显示面板中的显示内容包括冷热风状态、空气循环状态、车内温度信息，在视觉方面使用户有更清晰的感官体验，如图3.5-8所示。

③触觉

车门交互面板由三个基础功能构成，分别为车窗、座椅加热调节、座椅角度调节。操作方式均为

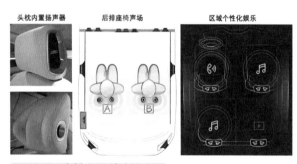

图3.5-3 个性化区域声场方案

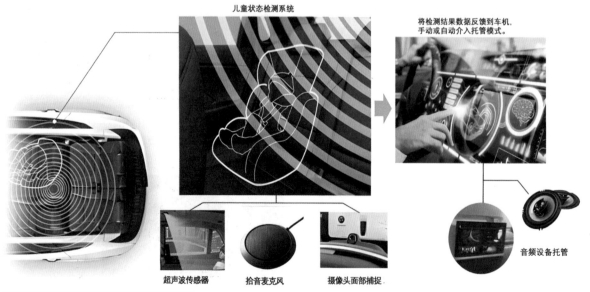

图3.5-4 后排儿童智慧托管设计原理

触控面板。选定功能后，通过旋钮调节参数，如图3.5-9所示。通过旋钮进行操控，优化车内用户整体的动觉、触觉等体验。

中央扶手交互面板是本方案中主要的交互媒介，为提升后排空间的利用率，以及一侧有儿童时成人操作的便利性，将后排左右乘客的面板设在一起，功能上主要由温度参数控制、娱乐设备音量参数控制、娱乐设备频道三部分构成，并可以通过同步按键同时设置后排相关参数，同一旋钮多个功能，降低交互学习成本的同时丰富用户和儿童的听觉和整体多感官体验，如图3.5-10所示。

④多通道感知优化用户体验

通过摄像头、拾音器、超声波传感器配合车机实施儿童状态监测，根据量化指标，系统对驾驶

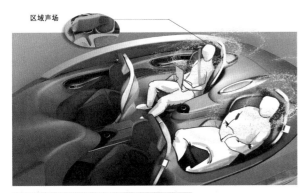

图3.5-5　头枕扬声器构成区域声场

图3.5-6　车窗信息交互（车旁）

图3.5-7　车窗信息交互（车内）

图3.5-8　后排空调信息显示面板

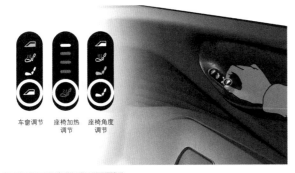

图3.5-9　车门交互面板

图3.5-10　中央扶手交互

员进行反馈，并且系统适当地通过后排的屏幕和音响等设备改善儿童的情绪状态，介入辅助托管。从听觉与视觉等多种感官通道优化用户体验，如图3.5-11所示。

后排独立娱乐系统通过区域化工作模式，提升视觉、听觉等感官的体验，如图3.5-12所示。

（3）总结

通过视觉、听觉、触觉、嗅觉等感官体验，用户可以更加深刻地了解产品的舒适度。在课题研究中，综合考虑多种感官通道，丰富用户整体的知觉

体验，优化用户感受。舒适性在汽车后排空间的设计中体现得尤为明显，特别是座椅和门板的设计符合人因工程学，是否采用更加柔软舒适的材料，以及其他更多的细节；为了满足目标用户的审美需求，在设计座舱时要考虑到他们的偏好和情感属性，并确保整体空间的美观度和舒适度；为了满足用户的不同场景需求，在保证音响硬件功能的基础上，还提供更舒适的听觉体验；同时嗅觉上智能优化车内空气环境，最终满足以上感官的舒适性，进而全方位提升车内空间真正意义上的舒适程度。

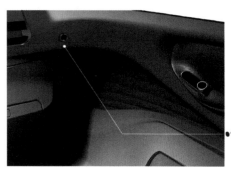

状态识别——（面部特征）

图3.5-11　儿童状态识别

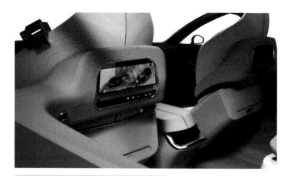

图3.5-12　后排独立娱乐系统

复习题

1. 简述感觉的特性与知觉的特性。
2. 影响人们注意力的因素有哪些？
3. 如何在设计中更好地运用信息编码？
4. 记忆一般分为几个阶段，各自的特点是什么？
5. 产品视觉要素设计包括哪些内容？
6. 简述人的视觉、听觉特征。

课后思考题

1. 结合具体的产品设计，谈谈你对心智模型的理解。
2. 举例说明视知觉的形式动力与产品造型设计的关系。
3. 解析触觉、听觉、嗅觉、味觉等感觉在无障碍产品设计中的作用。
4. 举例说明多通道感知在用户体验设计中的作用。

第4章
工作负荷与产品设计

在人因工程学中，工作负荷（workload）是指单位时间内人体承受的工作量。通过测定和评价人机系统的负荷状况，使人处于最佳工作负荷区域。工作负荷一般分为体力工作负荷和心理工作负荷两类。当工作负荷较低或较高时，人的工作质量下降、工作绩效较低。工作负荷很低时，大脑的兴奋水平较低，注意力不易集中，这时人体对外界信号的反应速度较慢，容易漏失或歪曲信号而导致错误，这种情况称为工作低负荷；当工作负荷很高时，工作者的工作能力接近或达到极限水平，这时无论生理还是心理状况都已不能适应继续工作的要求，并且由于剩余能力耗尽，工作者无法应付突发事件而容易导致各类事故，这种情况称为工作超负荷。要减轻负荷，重要的是避免过度疲劳，并减少不必要的认知和体力负荷。

4.1　体力工作负荷

体力工作负荷是人因工程学中的一个重要概念，主要关注人体在执行体力任务时的能量消耗和疲劳情况。体力工作负荷的大小也直接影响着人体运动系统的承受能力和健康状况。

4.1.1　人体的运动系统

人体的一切活动都是通过人体的运动系统完成的。它使人体能够完成各种动作，从简单的行走、拿取物品到复杂的体育运动。人体运动系统主要由骨骼、关节和骨骼肌三大部分组成。骨骼为身体提供稳定性，关节使身体能够弯曲和伸展，而骨骼肌则是通过收缩和舒张，使骨骼产生位移，从而产生各种动作。因此，在运动过程中，骨是运动的杠杆，关节是运动的枢纽，而骨骼肌则是运动的动力源。体力工作负荷与人体运动系统之间存在着密切的关系。适当的体力工作负荷可以刺激肌肉和骨骼的发展，提高身体的运动能力。然而，过度的体力工作负荷可能导致肌肉疲劳、关节磨损和骨骼应力增加，进而引发疼痛、损伤和其他健康问题。

（1）骨骼和骨杠杆

成人全身共有206块骨，通过骨连接组成骨骼。骨骼不仅构成了人体的支架，还为人体提供了保护和支撑。其重量约占人体总重量的五分之一，为人体提供了结构上的稳定性和完整性。人体运动的产生主要靠肌肉的收缩，但仅有肌肉收缩还不能产生运动，必须借助于骨杠杆的作用。人体的骨杠杆原理与经典的机械杠杆原理非常相似，关节是支点，肌肉的附着点是动力源，而作用在骨上的外力作用点则被称为阻力点。

（2）关节及其运动

骨与骨之间借助膜性囊互相连接，其间具有腔隙，活动性较大，又被称为关节。根据其结构特点和运动形式，可以将关节分为单轴关节、双轴关节和多轴关节。单轴关节通常只允许绕一个轴进行运动，如滑车关节（如手指的指间关节）；双轴关节的结构特征是允许在两个相互垂直的平面内运动，如椭圆关节（如桡腕关节）；多轴关节的结构特征是具有两个或以上的运动轴，允许在多个方向上进行运动，如球窝关节（如肩关节和髋关节）。关节的运动形式与关节面的形态密切相关，它们决定了关节能够执行的具体动作。根据关节轴的方位，关节运动可以分为四种主要形式：屈伸运动、内收外展运动、旋转运动、环转运动。除了上述四种主要运动形式外，关节还具有其他复杂的运动特性，如微小的振动和弹性等。

（3）骨骼肌

人体的肌肉依其形状构造、分布和功能特点，可分为三种：一是附着于骨的横纹肌，也称为骨骼肌；二是构成人体某些内脏器官的管壁的平滑肌；三是分布在心脏的房、室壁上的心肌。由于人体运动主要与骨骼肌有关，所以人因工程学所讨论的肌肉仅限于骨骼肌（以下简称肌肉）。肢体的力量来自肌肉收缩，肌肉收缩时所产生的力称为肌力。肌力作用于骨，通过人体结构再作用于其他物体上，称为肌肉施力。肌肉施力有两种方式：动态肌肉施力和静态肌肉施力。动态肌肉施力是指肌肉在产生张力的同时进行缩短，使肌肉能够产生连续的位移。这种工作方式常见于日常生活和体育活动中的动作，如走路、跑步、跳跃等。其特点是能量转换效率较高，能够持续较长时间而不易疲劳。静态肌肉施力是指肌肉在收缩过程中不发生明显缩短，而是维持一定长度以产生力量，具有稳定性、持久性、力量控制、协同作用和耐力提升等特点。这种工作方式在维持身体姿势、抵抗外力以及某些特定运动中发挥着重要作用，例如举重和力量举。但较长时间地维持身体的某种姿势，致使肌肉相应地作较长时间的收缩，容易引起肌肉疲劳，造成肌肉酸痛。疲劳是肌肉的一种保护性反应，可防止肌肉过度消耗能量和受到损伤。

4.1.2 体力工作负荷

（1）体力工作负荷的含义

人因工程学中的体力工作负荷又称生理工作负荷，是指人体单位时间内承受的体力工作量的大小，主要表现为动态或静态肌肉用力的工作负荷。长时间或过度的体力负荷会对人体造成伤害，如肌肉疲劳、关节磨损等。工作量越大，人体承受的体力工作负荷强度越大。生理负荷研究旨在理解这些负荷的性质、来源及影响，在设计和使用工具、设备时，应充分考虑人体的体力负荷极限，以降低工作强度和人体疲劳程度，设计出更符合人体需求的设备和环境，提升人的工作效率和生活质量。

（2）体力负荷对人体的影响

体力负荷对人体的影响主要体现在以下几个方面：

①肌肉疲劳　长时间或过度的体力活动会导致肌肉疲劳，表现为肌肉无力、酸痛等症状。长期的

肌肉疲劳可能会引发肌肉劳损、慢性疼痛等问题。

②关节磨损　体力活动会对关节产生压力，过度或频繁的关节活动可能导致关节磨损，引发关节炎等疾病。

③能量消耗　体力活动会消耗大量的能量，如果能量供应不足，会导致疲劳、头晕等症状。

④心血管系统负担　剧烈的体力活动会对心血管系统产生压力，对于有心血管疾病的人来说，过度的体力负荷可能会加重病情。

（3）人因工程学中体力负荷测定

肌肉疲劳是由持续的工作或运动引发的，是体力工作负荷的体现，其具体产生原因比较复杂，一般来说，肌肉疲劳指身体肌肉在承受工作活动时产生的疲劳感，表现为乏力、工作能力减弱、工作效率降低、注意力涣散、操作速度减慢、动作的协调性和灵活性降低、差错及事故发生率增加，以及工作满意感降低等。

通常可以通过肌电测量仪准确测量和分析肌电信号，得到疲劳度数据。肌电信号是肌肉活动时产生的电生理信号，通过测量肌电信号可以了解肌肉的活动状态和疲劳程度。肌电信号反映了肌肉纤维的收缩和舒张情况，其中包含许多信息，如肌肉收缩的速度、力量、频率等。通过对肌电信号的分析，可以对肌肉疲劳程度进行量化评估。

4.1.3　足踝矫形鞋设计案例解析

足外翻是一种常见且多发的足部力学功能障碍，表现为足部内缘降低、小腿和足部中心向内侧偏斜，并伴随足弓塌陷。足部作为人体静态站立和动态运动时与外界环境接触的起点，一旦发生力学障碍，会导致肌骨系统代偿并对体态和健康产生影响，足踝矫形产品因而为患者所需。随着科技水平和生活水平的提高，用户对产品的个性化需求也日益增加（本案例设计：大连工业大学学生朱言钧；指导教师：费飞）。

（1）足外翻的研究

①足外翻结构特征

足外翻又称足旋前，是足部结构问题，表现在距下关节。跟骨向外偏移，距骨向内半脱落，同时足部的内侧纵弓下沉，处于低且平坦的位置。关节结构变化导致体重无法均衡分布在足部，足踝内侧和足内侧承受较高负荷，负重或单脚站立时难以保持平衡。外观特征是整体足部外翻，内踝位置显著低于外踝位置，跟腱起点至踝关节中心连线与踝关节中心至足跟中心连线形成夹角（图4.1-1）。

②足外翻危害

形成足外翻的因素可以归结为遗传因素、疾病因素以及不良运动方式导致的足部结构异常。而在遗传因素与不良运动方式导致的足部结构异常当中，最为常见的就是扁平足现象。长期足外翻会对身体造成一定伤害，身体为了在足弓塌陷的情况下保持整体的平衡，会产生小腿内旋、膝盖内扣、骨盆前倾等一系列代偿反应，长此以往，整个身体长期处于超负荷状态，会增加其他疾病的发生概率。

③足外翻患者静态足底压力特征与分析

足底压力表示足部所承受的压力，分静态压力与动态压力。足底压力分布能够反映足部乃至下肢甚至全身的生理、结构、功能等各方面信息，为与足部相关的问题研究提供了数据支撑，并对病理分析等起到重要作用。患者长期穿着的鞋底同样可以作为判断患者是否为足部外翻的依据——由于患者足底压力分布不平均，足内侧压力偏大致使内侧鞋底的磨损较为严重，以鞋子的后根内侧以及前脚掌内侧表现最为明显（图4.1-2）。

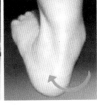

图4.1-1　足外翻结构与外部表现特征

④足外翻患者步态分析

足外翻患者在行走过程中，步态周期以及足底部位的冲量大小顺序与正常足基本相同。但在支撑期中，外翻足与正常足的着地时间，以及足底压力的变化顺序有显著的差异。从接触与离开地面的顺序来看，外翻足后足内侧先与地面接触，后整足与地面完全贴合，整体重心压力向足底内缘偏离。在后足抬起的同时，身体重心压在前足内侧，使前足外侧先与地面分离，再抬起前足内侧直至整足完全离开地面。具体表现如图4.1-3所示。

（2）矫形机制研究

根据前文对足外翻的结构与外部表现特征以及静态与动态足底压力分布的研究，可以发现不同患者的足外翻程度以及外翻表现可能有所不同，因此，需针对引起患者外翻的足部异常结构提供相对应的矫形结构，针对由扁平足等遗传因素与运动损伤或不良姿态引起的足外翻，通过设计鞋子和足底接触部分的结构来解决，帮助患者以正确的角度将足部与地面接触，并通过鞋子的其他结构稳定足部姿态，起到矫形的效果。

①楔形结构矫形

在针对上述两类人群的中底后侧楔形角度设计中，均需考虑患者的足部外翻角度，并提供相应角度的楔形结构支撑。但由于足外翻程度不同，用户的矫形需求也不同。因此，需将外翻角度转换为倾斜角度。如图4.1-4a所示，由于足部外翻导致下肢力线偏移（L3），与正确的下肢力线（L2）形成夹角（∠A），并与地平面（L1）形成夹角（∠B）。

绘制一条与偏移的下肢力线垂直的直线（L4）并以地平线（L1）为轴进行垂直翻转，可得到同外翻角度（∠C）的倾斜角度及边线（L5），由此可见，楔形结构的倾斜角度与外翻角度相等。而后，通过所得角度来调整的中底后侧楔形结构可以将向外偏移的下肢力线调整至正确的角度，实现对外翻足进行矫正，如图4.1-4b所示。

②前掌内侧运动感觉刺激点

针对足外翻患者支撑末期前脚掌内侧压力过大的步态情况，可运用运动感觉刺激鞋垫的矫形原理。刺激点凸起，除具备支撑作用外，还对足畸形进行纠正。突起的结构配合中底的楔形设计，使患者足部整体角度进行翻转的同时，通过刺激点的突起，被动地提升第一趾骨的高度，达到模拟高足弓的效果，实现平均分布患者站立与行走过程中支撑末期足底压力的效果，如图4.1-5所示。

③内侧纵弓前侧支撑

为实现穿戴矫形产品的同时，相关肌肉得到锻炼的主动矫形效果，在足弓支撑结构贴合足弓靠近前掌部位，为足弓后侧预留一定的空间。结合楔形足跟以及前掌内侧运动感觉刺激点，帮助患者在步行过程中稳定地被动模拟高足弓形态，并在患者步行中的支撑末期前脚掌向前发力阶段，为内侧纵弓前侧提供一定支撑，如图4.1-6所示。

④足跟固定保护

产品自身呈楔形角度倾斜，使患者的足部处于一种被动矫形状态。为固定患者足跟部位的矫形效果，并提升患者足跟的稳定性，需在鞋跟处提供一定的硬性保

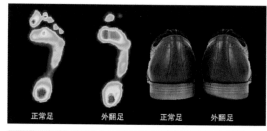

图4.1-2　正常足与外翻足压力特征及鞋底对比

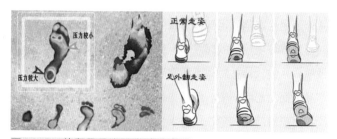

图4.1-3　外翻足足底压力动态变化

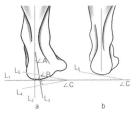
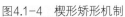

图4.1-4　楔形矫形机制

图4.1-5　前掌内侧运动感
　　　　　觉刺激点

护,使矫形后的患者足跟处于一种稳定状态,确保患者在行走过程中足跟触地姿态的稳定性,如图4.1-7所示。

综上所述,定制化足踝矫形鞋的矫形机制主要体现在足跟楔形结构矫形、前掌内侧运动感觉刺激点、内侧纵弓前侧支撑以及足跟固定保护四个方面。四部分结构共同组合,使鞋中底整体呈现楔形造型。患者在站立时,足部能够以正确且稳定的下肢力线角度与地面接触;在行走时,通过上述四种

矫形结构,患者能以模拟正常足弓的姿态完成支撑期的足部运动,且使足底压力变化趋于正常。

（3）足踝矫形鞋的设计

根据前文对足踝矫形鞋的矫形机制的研究,初步确定了产品能够实现矫形效果的结构位置,而在矫形鞋的整体设计中,为实现用户穿着时的舒适度以及对足部整体的保护,产品需符合鞋所具备的基本特征,包含鞋身、中底、外底、鞋垫,以及生成整体鞋身的鞋楦,从而展开足踝矫形鞋的初版草图绘制,如图4.1-8所示。

①方案一

整体造型曲线提取自意向图中较能体现"运动性能"特点的汽车造型初期形态;前鞋身固定件造型提取自"卷叶";后跟固定件的造型在上述基础上提取"蛋椅"的造型元素实现产品对后跟的包裹性,

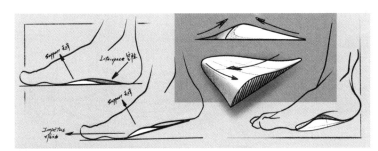

图4.1-6　内侧纵弓前侧支撑

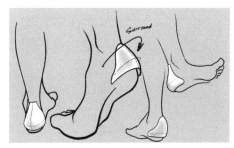

图4.1-7　足跟固定保护

图4.1-8　初期草图

提升整体鞋身的稳固与保护效果,如图4.1-9所示。

②方案二

整体造型趋势相较于方案一更为平缓,中底的设计同样在矫形机制的基础上,添加了前段曲率的设计,减少踏面线对足部的压力。在外底造型设计方面,在足弓位置将前掌外底与后掌外底进行连接,在包裹中底的同时与地面接触,使产品整体的视觉效果更加稳固,如图4.1-10所示。

在确定产品的整体造型以及各个细节后,开始绘制产品的二维渲染效果图,进一步明确产品的方向和目标。但由于产品本身为定制化产品,因此整体的比例与造型仍会因患者足部特征不同而产生不同的效果,如图4.1-11、图4.1-12所示。

（4）定制化足踝矫形鞋设计

为了能更好地满足足外翻患者对足踝矫形鞋的需求,需针对每个患者的足部形态和病情特点,精确地制定足踝矫形鞋的设计方案,且需根据不同患者的个体差异,采用不同的材料和加工工艺,为每个患者制作出最适合自己的足踝矫形鞋,从而提高治疗效果。因此,选定患者A,进行精准的研究、设计和制造,使产品更符合患者的个体特征和需求。

①患者足部特征检测

患者A的病理表现为双足因扁平足导致足弓塌陷并致使后跟外翻,同时可能因患者A长期不良的步行姿态致使左足前脚内旋,如图4.1-13所示。观察患者A的足底压力分布图可以发现:该患者双足静态压力值较高区域主要分布于双足内侧,同时前侧仅能采集到拇趾、第二趾与第三趾的压力数据,因此可以进一步确定该患者足部呈外翻状态。而患者足外侧同样检测到有压力分布情况,且动态

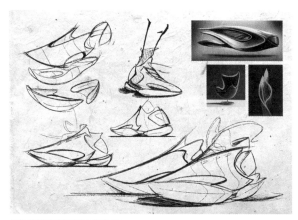

图4.1-9　方案一细化

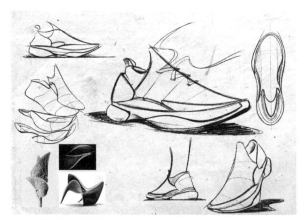

图4.1-10　方案二细化

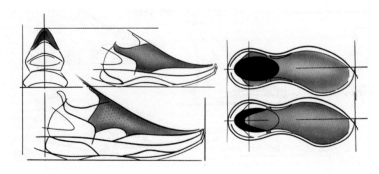

图4.1-11　鞋身细化

图4.1-12　二维效果图

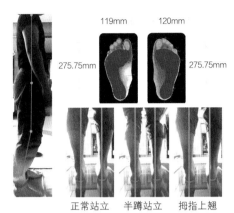
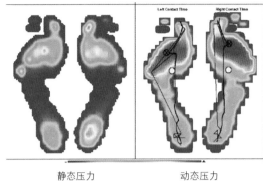

正常站立　半蹲站立　拇指上翘

静态压力　　　　　动态压力

图4.1-13　患者A足部特征及足底压力检测结果

压力分布图中显示患者左足的触地顺序有向外偏移趋势。

②足部数字模型拾取

在足部数字模型拾取阶段，实验所选用的三维扫描仪为iReal 2E手持扫描仪（图4.1-14）。扫描时，选择较为明亮的环境，患者将被扫描足部单独放置于平台上，而后操作者手持扫描仪以合适的距离和位置，围绕患者足部旋转一周进行扫描。而后，患者坐姿，将小腿放于平台上，使整个足部完全悬空，并保持力线正确姿态，展开对足部整体的再次扫描。后期将两次扫描所得模型文件进行融合拼接，完成后导出stl格式文件（图4.1-15），实验结束。

③提取足部特征

在提取足部特征阶段，将修补后的患者足部模型导入ACESOLE 3D软件，通过Transform工具

图4.1-14　手持三维扫描仪

将足部模型调整至工作区中心（图4.1-16a）。而后根据模型设置类型为左脚或右脚，进而使用Foot Skeleton工具对患者足部特征关键点进行选取（图4.1-16b）。选取完成后，使用Insole Image工具生成患者足底特征曲线（图 4.1-16c），并使用

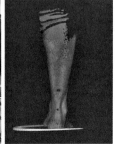

扫描过程　　　　　　　　　　　数字模型　　　拼接模型

图4.1-15　模型采集过程

Insole Model工具将预生成的足底特征模型外轮廓线根据患者的足部尺寸进行调整（图4.1-16d），完成设置后，待软件完成模型的生成并导出stl格式文件（图4.1-16e）。

④获取足底特征曲面

由于通过ACESOLE 3D所获取的足底特征模型为实体模型，其中有效的曲面仅为模型的上表面，因此需通过一系列参数的提取，获取模型中患者足底特征曲面（图4.1-17）。

⑤生成鞋楦数字模型

在鞋楦的数字模型生成环节，首先将足底特征模型导入Rhino软件中，并与患者足底特征曲面以及定制化足踝矫形鞋的方案效果图对齐，依据患者的足部外轮廓造型以及相应的方案效果图曲线走

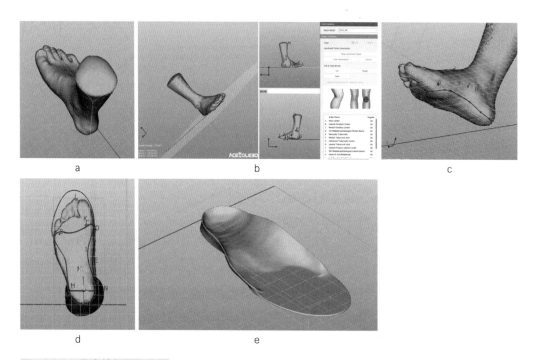

图4.1-16 足底特征提取流程

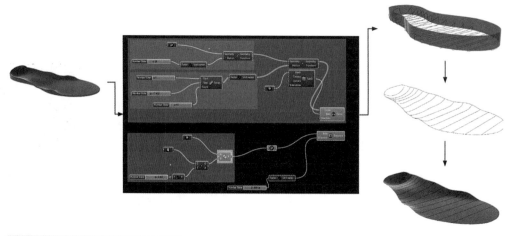

图4.1-17 足底特征曲面获取流程

势，绘制鞋楦的横截面轮廓线，并在透视图中依据患者的足部模型进行调整。而后使用Sweep2进行封闭扫掠，生成鞋楦的数字模型（图4.1-18）。

⑥数字化产品模型生成

调整矫形结构，首先在患者足底特征曲面顶视图中以直线连接顶端与底端以及曲线的中点。而后以直线与中点为旋转轴与旋转中心，输入患者的外翻角度，使用Rotate3D对曲面进行反方向旋转，如图4.1-19所示。

最后使用Surface From Points根据点阵网格生成曲面，并以此曲面为基础再次使用上述流程完成对足弓支撑后端的降低调整，从而完成对矫形结构的调整，如图4.1-20所示。

依据前期所绘制的效果图对中底的实体数字模型进行分割，得到外底造型的曲面、鞋身以及其他鞋身配件的曲面。而后在Grasshopper中使用Weaverbird插件对曲面的位置进行调整并偏移生成网格实体数字模型。将得到的各类数据以及模型进行整合，在精准数据尺寸的基础上对各部件进行矫正调整，形成定制参数化设计；综合足踝矫形鞋的矫形效果、外观美观度等因素，对足踝矫形鞋的最终效果进行完善。

⑦成果展示

将所生成的定制化足踝矫形鞋各组成部分进行整合，并在产品模型上增添一定的细节调整，进而完成定制化足踝矫形鞋的数字模型生成。最终产品

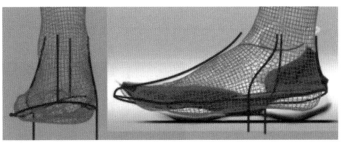

图4.1-18 鞋楦数字模型生成

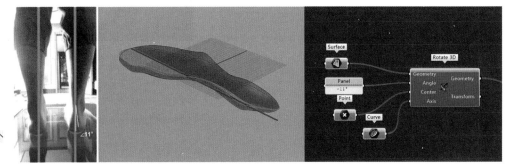

图4.1-19 依据外翻角度进行旋转

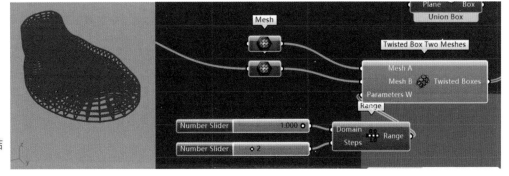

图4.1-20 矫形结构调整

的效果图如图4.1-21、图4.1-22所示。

⑧有效性实验设计

为验证定制化足踝矫形鞋的矫形效果,应着重验证所生成的中底结构是否能够有效分布患者的足底压力。因此,在验证准备环节,将所生成的中底数字模型与鞋身固定件通过3D打印制作实体模型,进而展开有效性验证实验。

a. 实验设备及实验环境　本案所用到的实验设备为RX-ES42-18分布式柔性薄膜足底压力传感器。在数据采集方面,该设备采用阵列式设计,使干扰程度降到最小。在采集过程中,可通过上位机对采集设备的数据发送频率、波特率等进行设置,并通过采集系统中的压力显示区观察各感应点压力数据的变化,输出数据并保存(图4.1-23)。

b. 实验流程　测试定制化足踝矫形鞋有效性

的实验流程总共分为三个环节,分别为外部特征对比、静态足底压力数据对比以及动态足底压力数据对比。不仅能够从外部特征方面让患者直观地感受到定制化足踝矫形鞋的矫形效果,而且足底压力数据对比能够客观地呈现定制化足踝矫形鞋的矫形结构能够改善患者的足底压力分布,进而证实设计的有效性。

c. 观察指标　在外部特征对比环节,将所采集的患者足踝姿态进行对比,并在图像中将标记进行连线,观察标记连线所代表的患者下肢力线角度变化;在静态与动态足底压力数据对比环节,通过对比前后患者足底压力数据变化,着重观察患者足底内侧的压力数值变化。若患者在穿着定制化足踝矫形鞋后足底内侧压力数值明显下降,则可以判断患者的足部达到了外翻矫正的效果。

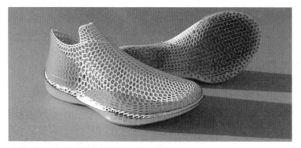

图4.1-21　定制化足踝矫形鞋效果图

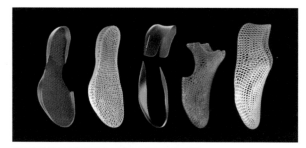

图4.1-22　定制化足踝矫形鞋爆炸图

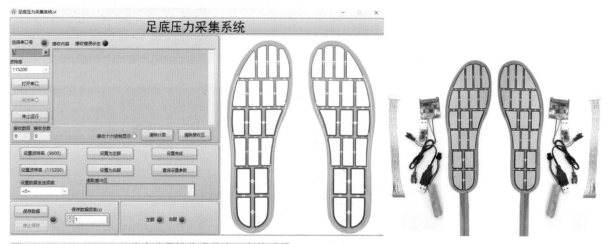

图4.1-23　RX-ES42-18分布式柔性薄膜足底压力传感器

d. 实验数据分析

外部特征对比：

此实验环节按照前文描述的实验流程展开，在对患者足跟中心、踝关节中心以及踝关节上方小腿中心进行标记后，分别采集患者在穿戴定制化足踝矫形鞋中底前后的后视角度图像（图4.1-24）。

通过将图像中标记点进行连接后，可观察到穿戴前后下肢力线明显的差异，且穿戴后的下肢力线趋于垂直地面。因此，可以初步确定：定制化足踝矫形鞋的中底结构能够对患者的下肢生物力线进行矫正。

静态足底压力数据对比：

静态足底压力数据对比环节同样依照前文描述的实验流程展开，分别获取患者在赤足与地面接触状态以及站立于定制化足踝矫形鞋中底上15秒的静态足底压力数据。在数据结果处理方面，可依据足底区域划分将足底压力传感器的感应点分布划分为前足内外侧、中足内外侧以及后足内外侧（图4.1-25）。而后将数据导入SPSS Statistics软件进行平均值等数据的计算与分析。

动态足底压力数据对比：

在完成对患者A静态足底压力数据收集后，依照实验流程展开对患者动态足底压力数据的收集。在实验过程中，要求患者分别穿戴中底区域不含特殊支撑结构的平底鞋以及测试版定制化足踝矫形鞋，并将检测设备放置于足底与中底之间，而后在平坦路面上步行5m且完成三个完整的步态周期。收集患者在三个步态周期中，每一阶段足底各区域的压力数据平均值，并进行对比（图4.1-26）。

在完成数据收集后，同样使用SPSS Statistics

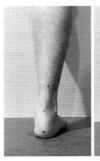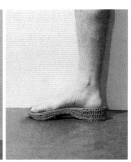

直接接触地面　　　　中底支撑　　　　中底支撑-外侧　　　　中底支撑-内侧

图4.1-24　外部特征对比

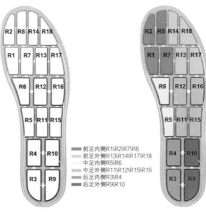

前足内侧R1\R2\R7\R8
前足外侧R13\R14\R17R18
中足内侧R5\R6
中足外侧R11\R12\R15\R16
后足内侧R3\R4
后足外侧R9R10

图4.1-25　感应点区域划分

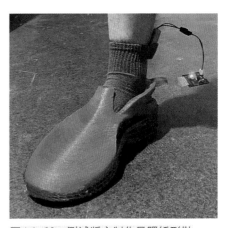

图4.1-26　测试版定制化足踝矫形鞋

对数据进行整理并计算平均值与方差。患者穿戴平底鞋与测试版定制化足踝矫形鞋的足底压力数据结果分别如表4.1-1与表4.1-2所示。通过对患者A穿着平底鞋与测试版定制化足踝矫形鞋的足底压力数据对比可以发现：

• 患者足底部分区域的压力数据标准偏差大于平均值，该现象可能与设备的灵敏度有关。

• 在步态周期中前足着重发力的支撑末期与摆动前期阶段，患者的前足内侧压力数值有所减小而前足外侧压力数值有所增加。该结果证明前掌内侧的运动刺激点与楔形矫形结构在患者步行向前发力时，能够帮助患者均匀分布前掌压力。

• 在步态周期中足跟触地并逐渐使足部完全贴合地面的预承重期，患者的后足内侧与外侧压力数值较为接近，且穿戴矫形鞋后的足底压力数值小于穿戴平底鞋后的数值。该结果表明，在预承重期患者的足跟能够以正确的角度与地面接触，且空间网格支撑结构能够帮助分散患者落地时的足底压力。

• 患者在穿戴定制化足踝矫形鞋时，其中足内侧压力数值在支撑中期至支撑末期有所增加。该结果表明，内侧纵弓前侧为患者的步行蹬地动作提供了一定的支撑。

综上所述，外部特征对比、静态与动态足底压力数据对比三项实验的验证结果表明，定制化足踝矫形鞋能够通过根据患者足部特征所进行的矫形结构设计帮助患者实现足外翻矫正效果。

表4.1-1 平底鞋动态足底压力数据/g

阶段	测量内容	前足内侧	中足内侧	后足内侧	前足外侧	中足外侧	后足外侧
预承重期	平均值	196.17	65.67	6540.83	0.00	210.75	7663.67
	标准偏差	339.77	113.74	1508.58	0.00	197.28	625.71
支撑中期	平均值	3255.50	411.00	3236.17	347.50	452.58	3636.83
	标准偏差	1236.29	362.10	531.14	101.93	238.37	386.79
支撑末期	平均值	4561.42	329.50	1795.00	564.58	391.25	1865.00
	标准偏差	1692.73	465.87	127.35	231.81	641.21	671.82
摆动前期	平均值	897.25	0.00	553.00	0.00	0.00	304.33
	标准偏差	130.85	0.00	375.67	0.00	0.00	247.27

表4.1-2 测试版定制化足踝矫形鞋动态足底压力数据/g

阶段	测量内容	前足内侧	中足内侧	后足内侧	前足外侧	中足外侧	后足外侧
预承重期	平均值	350.00	0.00	1532.50	135.17	6.92	1213.50
	标准偏差	606.22	0.00	1367.53	234.12	11.98	1651.56
支撑中期	平均值	318.92	236.50	2344.00	212.75	907.00	2673.33
	标准偏差	329.87	218.72	831.23	256.45	801.27	1761.59
支撑末期	平均值	1505.75	1226.33	2354.50	1208.25	2796.92	3084.83
	标准偏差	705.02	965.87	482.03	608.26	900.43	1506.30
摆动前期	平均值	1460.58	900.17	1668.50	1081.58	1986.08	1581.17
	标准偏差	253.25	1160.56	291.40	463.96	1822.50	932.83

4.2 心理工作负荷

心理工作负荷即"心理负荷"，用来描述个体在完成任务或应对某些情况时所承受的心理负担。心理负荷包括两部分，一部分是脑力资源占用程度和信息处理能力等认知方面的负荷，另一部分是压力和负性心理应激等情绪方面的负荷。情绪方面的负荷主要涉及个体对任务或情境的情绪反应和体验，会影响个体的认知能力，例如注意力和决策能力。即情绪方面的负荷与疲劳等因素很相似，是通过一些认知操作间接引起的。因此心理负荷主要指的是信息加工负荷，即认知负荷。

4.2.1　认知负荷

1988年，澳大利亚新南威尔士大学的心理学家约翰·斯威勒（J.Sweller）在现代认知心理学研究成果的基础上，从认知资源分配的角度正式提出"认知负荷理论"（Cognitive Load Theory，简称CLT）。认知负荷理论是一种广泛关注信息处理能力限制的理论，主要研究个体在进行感知、注意、记忆、思维和语言等认知活动时所面临的心理负荷，以及人们工作记忆的容量限制。认知负荷过载，可能会导致个体的认知能力下降、注意力难以集中、思考缓慢、情绪不稳定等问题。在设计中需充分考虑人的认知负荷特点，以降低工作难度和疲劳程度。同时，认知负荷的管理和优化对于提高学习和工作的效率、促进认知能力的提高具有重要意义。

4.2.2　认知负荷理论体系

认知负荷理论包括两大理论体系：资源有限理论和图式理论。

（1）资源有限理论

资源有限理论强调在进行认知活动时，个体的认知资源（如注意力、工作记忆等）是有限的。这意味着在任何给定时刻，人们只能处理有限量的信息。当信息处理的要求超出个体的认知资源容量时，认知负荷便会增加，导致效率降低，甚至出错。这种理论指出，优化认知效率必须考虑如何有效地分配有限的认知资源。这涉及减少不必要的外在认知负荷，管理内在认知负荷的复杂性，并通过适当的任务和策略增加相关认知负荷，从而促进更有效的学习和任务执行（图4.2-1）。资源有限理论是认知负荷理论的一个核心概念，强调为了提高

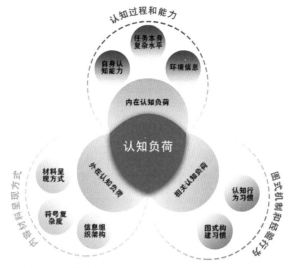

图4.2-1　认知负荷分类

认知活动的效率和效果，必须合理管理和分配有限的认知资源。

（2）图式理论

图式理论是认知心理学中的一个重要概念，与认知负荷理论紧密相关。它指出人们在大脑中构建了各种图式，即内部的知识结构，用以组织和解释信息。每个图式都是关于特定主题或情境的知识和经验的集合，帮助个体理解和预测环境。在认知负荷理论中，图式的构建和自动化被认为是减轻内在负荷和增加相关负荷的关键。通过学习和练习，个体可以构建更加复杂和高效的图式，使得处理相关信息更加快速和准确。当图式自动化后，信息处理变得更为无意识和高效，减少了对有限工作记忆资源的需求。

4.2.3　认知负荷类型

（1）内在认知负荷（Intrinsic Load）

这是由任务本身的复杂性决定的，与个体处理核心材料的能力有关，是不可直接控制的变量。管理这种负荷依赖于个体增强学习和提升专业知识，以提高处理信息的能力。

（2）外在认知负荷（Extraneous Load）

外在认知负荷受材料的展示方式、界面的复杂性及信息组织结构影响。它源于那些无助于当前任务完成的认知活动，通常与操作模式相关。因此，优化材料呈现方式和信息架构可以有效减轻外在认知负荷，提升任务执行效率。

（3）相关认知负荷（Germane Load）

相关认知负荷与构建认知结构和深化理解紧密相关，涉及对新信息进行有效编码和整合的过程。编码是指将新信息转化为大脑可以存储和检索的形式，而整合则是将这些新信息与已有的知识框架相结合。

认知负荷理论的核心观点是，为了最大化认知效率，应该优化这三种负荷的总和。减少不必要的外在认知负荷，合理管理内在认知负荷，并增加有利于深度学习和技能发展的相关认知负荷，可以帮助个体更有效地进行认知任务。这一理论广泛适用于工作场所、日常生活、人机交互设计等多种情境，可以更好地设计任务、优化环境和提高人类的认知能力，达到提高任务执行效率和效果的目标。

4.2.4　认知负荷的表现和测定

（1）认知负荷的表现

个体在认知过程中，需要对获取的信息进行解码，从而产生认知负荷。如果个体接收的信息或任务活动过多，超过了个体的当前认知处理能力，就会导致认知超载。当个体接收的信息材料或任务活动过于单一时，认知资源可能得不到充分利用，导致认知负荷过低。认知活动中输入信息数量和性质、输入新任务形式等内容都可能引起认知负荷失衡。

①认知负荷过载的表现

当个体处理加工输入的信息（任务）时，所承受的认知负荷超过了其认知资源的容量，就会导致认知负荷过载。信息量过大、任务复杂度过高、信息加工能力不足等是引起认知负荷过载的主要因素。在这种情况下，个体可能无法有效地处理信息或完成任务，导致任务正确率降低、绩效下降、反应变慢等负面后果。高认知负荷还可能引发个体诸如紧张、压力感增大、焦虑以及不耐烦等负面情绪，这些情绪可能进一步影响个体的认知能力和心理状态，加剧认知负荷过载的问题。

②认知负荷过低的表现

在认知过程中，由于所接收的信息或任务过于简单或单调，个体没有得到足够的认知挑战，导致认知资源未得到充分使用或发展的情况。与认知负荷过载一样，认知负荷过低也会对个体的心理和行为产生负面影响。长时间的低负荷状态可能使个体对任务失去兴趣和动力，产生无聊、消极、无法投入等情绪，导致工作效率下降、注意力不集中和缺乏创造力等问题。

（2）在人因工程学中认知负荷测定

人的大脑经常需要筛选和处理繁杂、多样的信息，以获取能够满足人们需求的有用信息，根据信息加工理论，一切信息加工都需要在工作记忆中进行，而脑的工作记忆容量非常有限，因此人脑在任意时刻所能承受的"认知负荷"都是有限的，负荷过载、过低都会降低人的工作效率，甚至出现错误。因此，对于认知负荷的评估，十分重要。脑电信号（EEG）是测量认知负荷的一种有效方法。脑电信号可以反映大脑的活动水平，从而帮助测量认知负荷，有助于研究人员更好地了解大脑的活动状态，进而优化工作流程和提高工作效率。

4.2.5　老年群体代步车设计案例解析

老年人与一般人群存在认知特征上的差异，他们面对信息时无法迅速将其纳入认知过程，认知资源的限制使得处理较为复杂的信息变得困难。这显著影响了图式构建的过程，使老年人在进行界面操作时更容易产生负面情绪，不仅影响了使用体验，还削弱了老年人的认知主动性。因此，有必要根据老年人的认知特征有针对性地进行改良设计，科学合理地分配认知资源，以减轻用户的认知负担，促进老年人更有效地处理和理解界面信息，提升其用户体验（图4.2-2）。

（1）老年用户认知特性研究

①内部信息负载特征分析

老年人的感知觉、工作记忆与内部信息负载特征直接相关。内部信息负载是指个体在执行任务时，所需处理和存储的内部信息量。老年人的感知觉能力能够影响其处理的信息量，老年人存储的信息量则受制于他们的工作记忆能力。

老年人的感知觉随着年龄的增长最先受到影响。这一过程涉及多个感觉系统，包括视觉、听觉、触觉等。老年人会经历视力下降、听力减退、触觉敏感度下降等变化，这将直接影响他们对外界信息的感知，上述变化在老年人产品界面设计中体现得更为重要。就视觉而言，角膜、巩膜、晶状体、玻璃体和视网膜等老化，致使视觉调节能力、对比感知、空间感知以及色彩识别等能力减弱，从而削弱老年人视觉信息加工的能力。

与此同时，随着年龄的增长，神经元数量的减少，以及前额叶皮质的老化，负责存储和处理所需信息的工作记忆能力也会随之减弱，从而降低老年人在处理信息时的速度和准确性。

图4.2-2 老年代步车设计（设计：大连工业大学学生周雨松、祁锦佐；指导教师：魏笑、李立）

②注意力分配特征分析

注意力是认知过程中的一个重要组成部分，涉及个体在处理信息时对特定方面的关注和集中注意力的能力，注意力主要包括选择性注意和分散性注意。这两种主要的认知方式是适老化界面设计的重要考量因素。选择性注意是指个体能够主动地选择在特定时间关注某些信息，而忽略其他信息。分散性注意则涉及将注意力分散到多个信息源上，并有效地处理多个任务。老年人随着年龄的增长，选择性注意和分散性注意的能力逐渐减弱，这使得老年人在面对多个信息时很难同时关注，并且难以有效地分配精力。这种弱化的注意力特征可能导致老年人在界面操作中遇到困难。

③图示构建特征分析

老年人的认知加工能力与图示构建特征直接相关。随着生理性老化，其脑区域之间的协同工作效率降低，神经递质运作缓慢，这使得老年人的认知加工能力不断衰减，最终导致其面对新事物和新技术时，无法构建新的图示，而更倾向于依赖其原有的实践经历和处理问题的经验。因此认知加工能力的降低会导致老年人在学习新事物时更加困难。

（2）老年人产品界面设计中认知负荷成因分析

①老年人App界面认知负荷内在成因

a. 操作任务较复杂　操作流程过于复杂，且层级结构过多会给老年人的认知系统带来较大的压力。由于老年人的注意力相对较为有限，难以同时处理多项任务，当面临不同形式的信息反馈时，他们常常难以兼顾，进而占用本已不足的认知资源，影响信息加工的效果。这对老年人的使用体验造成了负面影响，降低了他们对界面的理解程度，甚至可能导致操作效率极低，甚至无法完成操作。

在界面设计中，如果界面信息元素之间的交互过于复杂，老年人需要同时处理多个信息元素，这不但会分散老年人的注意力，而且还需要老年用户从有限的记忆容量中分配一部分来记忆信息交互产生的变化，并进行理解、推理和做出决策。这对老年人来说过于复杂，影响了他们的使用体验，提高了认知负荷水平。因此，在界面设计中应当考虑降低交互复杂性，使界面更符合老年人的注意力和记忆特点，以提升他们的使用体验。

b. 记忆图式不匹配　老年人的短时记忆相对较差，他们对于记忆尚未消退的事情能够记得较为清楚，而对于之后发生的事情则记忆较为模糊。但随着信息化产品的快速发展和更新迭代的频繁进行，各产品界面呈现并不一致。由于老年人通常不会时时关注这些更新，因此使用界面时可能出现界面信息元素与老年人记忆图式不匹配的问题。对于老年人来说，这一问题尤其显著，因为他们需要额外的认知资源来处理那些无法理解的信息元素，从而提高使用界面的难度。这种情况容易使老年人感到挫败或失落，对其在操作过程中的用户体验产生负面影响。

②老年人App界面认知负荷外在成因

a. 界面信息的组织形式不合理

界面信息数量过多　老年人因感官退化导致视野逐渐变小，又因其注意力不能过于分散，所以当界面中的信息数量过多时，老年人可能无法同时注意到多个信息。在操作过程中，由于视野有限，老年人可能无法迅速找到与操作目标相关的信息。因此，他们需要分配有限的认知资源对界面信息进行缓慢加工，以找出所需的信息并执行下一步操作。

界面信息布局杂乱　界面因不恰当的设计容易导致信息布局混乱，关联信息整合不到位，或者同一板块中信息布局样式过于繁多。对老年人而言，他们无法同时处理多种样式的信息，因此需要在混乱的界面中筛选元素，分散注意力去处理与操作目标无直接关联的信息元素。这种情况下，有限的认知资源被用于处理对认知过程无效的元素，从而降低了认知效率和操作绩效。

b. 界面信息的呈现方式不合理

老年人的视觉分辨能力相对较差，当界面信息元素呈现普遍特征时，他们在通过视觉检索信息方面较年轻人更困难。然而，若界面信息元素采用有区别的表现形式，老年人则更容易快速注意到这些差异。在考虑信息呈现方式时，需避免样式过于繁多，因为老年人的记忆力减退，难以在短时间内记住多种不同的呈现方式。为了实现区别，不宜过度改变界面信息呈现方式，可以通过信息架构对信息层级和重要性进行划分，在合适的设计下轻微区分信息元素。

③老年人App界面认知负荷相关成因

a. 工作记忆容量不足　工作记忆容量的不足使老年人的认知能力相比普通人有所下降，但其认知过程与普通人基本相同。因此，促进图式建构或图式自动化是加速老年人的学习过程，提升其认知负荷的重要手段。提升相关认知负荷的基础是内在、外在认知负荷的水平。因此，在设计界面时应尽量降低内在、外在认知负荷，帮助老年人将有限的工作记忆容量更多地投入与促进学习效果有关的认知活动中，从而提升老年人的学习效果和使用体验。

b. 用户积极性较低　老年人常容易陷入情绪低落，而在操作过程中，界面不合理的设计可能导致老年人产生挫败感或失落感，从而降低其认知行为的主动性。即使在相关认知负荷中老年人具备了能够对信息元素进行深层次加工的工作记忆容量，个体主动性的不足同样可能影响认知效率，对深层次学习的认知进程产生负面影响。

（3）老年人App交互设计中的认知负荷实验研究

①设计要素提取

a. 布局要素提取　在App界面中，界面布局是规划界面信息的重要前提。通过调研现有App的界面布局，发现目前主要采用6种不同的布局形式，包括列表式、陈列式、九宫格式、选项卡式、多面板式、圆环式（图4.2-3a）。

b. 导航要素提取　经调研和整理发现，界面导航设计主要有4种形式，分别是：抽屉式、弹出

| 1. 列表式 | 2. 陈列式 | 3. 九宫格式 | 4. 选项卡式 | 5. 多面板式 | 6. 圆环式 |

图4.2-3a 常见6种布局形式

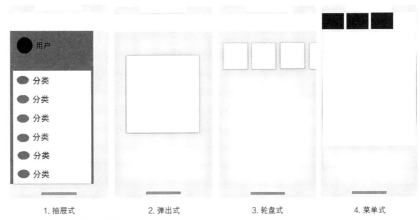

| 1. 抽屉式 | 2. 弹出式 | 3. 轮盘式 | 4. 菜单式 |

图4.2-3b 常见4种导航形式

式、轮盘式、菜单式（图4.2-3b）。

c. 色彩要素提取 界面中的色彩种类繁多，界面中功能区的色彩元素是研究的重点。界面中功能区的色彩较为繁杂，按照空间层次可分为前景色和背景色两类。前景色置于界面顶层，包括说明性文字、标语和图标填充色，其作用在于引导操作和注释。而背景色则用来突出功能区中的"内容"，通常采用高明度、低纯度的白色。通过区分前景色和背景色推进层次结构，突出功能性按键。本文对现有界面进行了切图处理，提取了主要功能触发区域中点击频次最高的按键（图4.2-4）。

②相关要素实验研究

a. 布局实验研究 分别以列表式、陈列式、九宫格式、选项卡式、多面板式、圆环式几种类型选取实验样本，如表4.2-1所示。

实验过程 首先，向受试者介绍实验内容和使用的设备，并记录受试者的基本信息，如性别、年龄等人口统计学信息。其次，校准眼动设备。受试者需就坐在显示屏前，调整合适的坐姿以确保眼动设备能够准确捕捉瞳孔。在五点校准过程中，受试需按照显示屏上的红点移动，转动眼睛以完成校

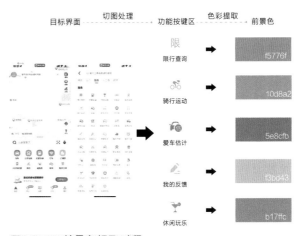

图4.2-4 前景色提取过程

表4.2-1　　　导航布局实验样本

类型	样式	实验样本	类型	样式	实验样本
A 列表式			D 选项卡式		
B 陈列式			E 多面板式		
C 九宫格式			F 圆环式		

表4.2-2　　布局形式对眼动指标的影响

眼动指标	布局形式	均值	标准差	F	显著性
瞳孔直径/mm	A	2.94	0.581	12.432	0.030
	B	4.53	0.792		
	C	4.03	0.720		
	D	3.04	0.519		
	E	4.70	0.643		
	F	4.01	0.563		
	总数	3.87	0.636		
注视时长/s	A	3.88	1.309	4.842	0.001
	B	4.84	0.762		
	C	5.77	1.243		
	D	4.12	1.186		
	E	4.92	0.743		
	F	5.46	0.815		
	总数	4.83	1.009		
注视次数/次	A	15.02	4.251	4.312	0.002
	B	19.50	3.914		
	C	25.00	7.843		
	D	19.60	5.981		
	E	19.53	3.056		
	F	22.50	4.136		
	总数	20.19	4.863		

准。最后，按照预定的界面呈现顺序，要求受试按照日常使用App的习惯，自由浏览不同布局的商品展示界面。

实验结果　不同导航和布局形式下老年用户视觉搜索过程中的眼动指标如表4.2-2所示。通过指标分析可得：

瞳孔直径的正常值为2~3mm，瞳孔直径增大说明个体正面临更高的认知负荷，这可能是由思考或处理复杂信息等认知任务引起的。从表4.2-2可以看出，A列表式布局和D选项卡式布局能够让老年用户的平均瞳孔直径维持在正常范围内，说明老年用户在浏览过程中，A布局和D布局均面临较低的认知负荷，投入较少的认知资源。

注视时长是指个体在注视某个特定目标时的持续时间，长时间的注视可能表明信息复杂度较高，给个体造成的认知负荷较高。从表4.2-2可以得知，在导航布局形式A下，老年用户的平均注视时长最短，且显著低于其他组。

在界面设计中，用户的注视次数通常与信息的复杂度呈正相关，注视次数越多，说明该信息更难处理，则认知负荷越高。从表4.2-2可以看出在A列表式布局下，老年用户的注视次数最少；E选项卡式布局次之，其余形式的注视次数均显著大于A和E两种布局。

综合瞳孔直径、注视时长和注视次数这三个指标，老年用户在列表式布局下，读取效率较高，操作较为流畅，认知负荷较低。

b. 色彩实验研究　分别选择以红色系前景色、绿色系前景色、蓝色系前景色、紫色系前景色为实验样本，如表4.2-3所示。

实验结果　不同界面操作热区前景色下，老年用户视觉搜索过程中的眼动数据的如表4.2-4所示。根据瞳孔直径测量指标，被试者在注视蓝色系前景图标时，瞳孔直径显著小于其他色系，是正常

表4.2-3　　　前景色实验样本

类型	实验样本
红色系列前景色	ff9c9c　ff8181　ff5f5f　ff2a2a
绿色系列前景色	9cff9c　7eff8c　5cff72　2eff57
蓝色系列前景色	9cd2ff　82caff　5fc1ff　2eb9ff
紫色系列前景色	9cb4ff　80a2ff　6091ff　6460ff

表4.2-4　前景色色系对眼动数据的影响

眼动指标	前景色系	均值	标准差	F	显著性
瞳孔直径/mm	红色系	4.24	0.752	15.302	0.000
	绿色系	3.52	0.672		
	蓝色系	2.83	0.534		
	紫色系	4.71	0.789		
	总数	3.82	0.689		
注视时长/s	红色系	5.22	1.350	5.752	0.013
	绿色系	4.63	1.541		
	蓝色系	4.13	1.124		
	紫色系	5.83	1.627		
	总数	4.95	1.410		
注视次数/次	红色系	20.50	4.612	8.523	0.001
	绿色系	18.86	4.231		
	蓝色系	16.31	4.869		
	紫色系	26.71	3.814		
	总数	20.59	4.391		

范围内的最小值,蓝色系在一定程度能够降低信息复杂度;在注视时长方面,老年用户在蓝色系前景图标下的注视时长最短,信息处理速度较快,紫色

系的注视时长最长,处理速度较缓。在注视次数这一指标上,老年用户在蓝色系下的注视次数最少,绿色系次之,而在紫色系下的注视次数最多。根据以上三个指标得出的数据可以推断,老年用户在处理蓝色系前景图标指代信息时速率较高,操作流畅,出错风险低,呈现出较低的认知负荷。

③老年人App界面设计认知负荷优化策略

在布局方面,眼动实验结果表明,选择列表式布局利于降低老年用户在使用过程中的认知负荷,这种布局有助于提供清晰、简洁且易于理解的界面,能够让老年用户更轻松地浏览和使用应用。避免非均匀交叉式布局,如多面板式、圆环式等,以达到减少界面复杂性的目的,从而降低老年用户在浏览时的认知负担。

在色彩方面,上述眼动实验表明,选择蓝色系作为前景色有助于降低老年用户在使用过程中的认知负荷。因此,在功能触区的色彩选择上,应采用蓝色作为文字和图标等前景元素的颜色,而将背景底板设为白色。但是在具有警告含义的功能区中,若仅使用蓝色可能使得热区之间颜色过于相似,无法达到有效提醒的效果。因此,可考虑在这些功能区中采用蓝色系为主,搭配少量红色系,以突出警示元素,更好地引起用户的注意。

④App原型制作

依据以上结果,设计制作低保真原型、高保真原型,如图4.2-5、图4.2-6所示。

⑤有效性实验验证

a. 可用性测试任务

测试任务一:从首页查看行驶状态,并查看行程。测试目的:首页布局是否合理,查看行程模块是否具有显著性。

测试任务二:在行程栏内查看用户当日行程,并选择其中一条进入,查看详细行程、出发地点、耗时等信息。测试目的:操作流程是否扁平,快捷入口是否有效。

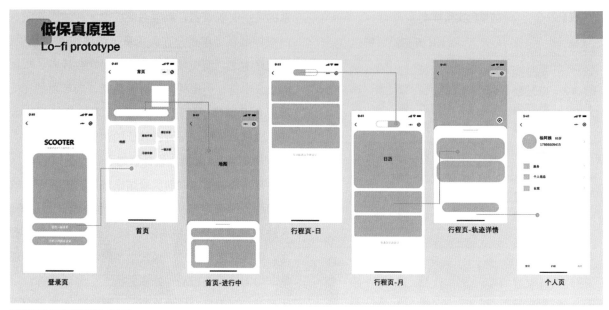

图4.2-5　低保真原型图

图4.2-6　高保真原型图

测试任务三：在个人页内，选择个人信息，对其内容进行修改。测试目的：布局是否合理，逻辑架构是否清晰明确。

b．眼动数据分析　对交互界面的认知负荷评估结果表4.2-5所示，共统计瞳孔直径、注视时长、注视次数、任务完成时长、出错次数五项指标。由测试数据可知，设计方案在三项测试任务中的各项指标均优于现有产品。因此综合而言，该设计方案能有效降低老年被试在使用过程中的认知负荷，更加符合老年人的认知能力、操作习惯。

表4.2-5　设计方案认知负荷评估结果

测试对象	任务	瞳孔直径/mm	注视时长/s	注视次数/次	任务完成时长/s	出错次数/次
设计方案交互界面	任务一	2.10	8.01	15	12.4	2
	任务二	3.07	8.32	14	9.6	0
	任务三	3.72	9.21	23	13.2	4
现有产品交互界面	任务一	3.96	9.24	17	14.3	4
	任务二	5.24	10.31	16	10.5	1
	任务三	4.21	12.54	26	14.3	6

c. 眼动热区图及路径图分析　从眼动热区图及路径图（图4.2-7、图4.2-8）来看，通过对App进行优化，眼动轨迹呈现出Z形分布，分布均匀，并且老年用户能够有效地在关键信息区域停留。

⑥老年群体代步车设计

推演草图和方案展示效果图见图4.2-9、图4.2-10。

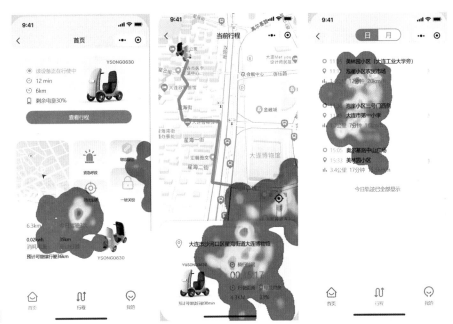

图4.2-7　眼动热区图

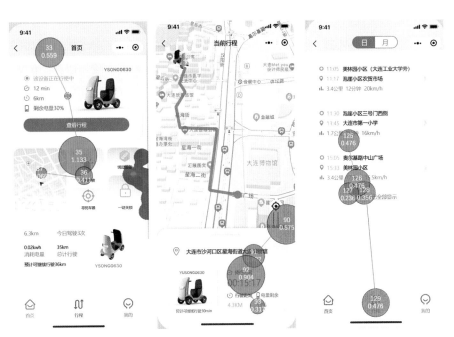

图4.2-8　眼动路径图

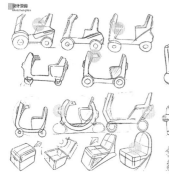
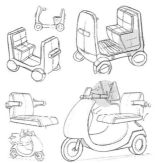

图4.2-9　老年群体代步车
设计草图

图4.2-10　老年群体代步
车设计效果图

复习题

1. 请阐述工作负荷的概念。

2. 什么是体力工作负荷？过度的体力工作负荷对人体造成的危害有哪些？

3. 什么是心理工作负荷？

4. 简述认知负荷两大理论体系。

5. 简述认知负荷的类型。

思考
分析题

1. 结合具体设计案例，谈谈认知负荷过载及认知负荷过低给人们工作、生活带来的不便甚至危害。

2. 以典型的游戏设计为例，解析认知负荷理论在设计中的运用。

第5章
产品设计与交互界面

《现代汉语词典》将"界面"定义为"物体与物体之间的接触面",泛指人与物互动过程中的界面(接口)。产品人机交互界面是产品设计的重点之一,是产品系统与用户进行信息交换和操作交互的媒介。交互界面设计是以创新用户体验为目标,综合运用机会洞察、用户研究、产品使用思维、交互设计、技术工具等设计方法,来系统地进行人机使用方式的创新,主要包括产品硬界面交互设计与软界面交互设计两部分内容。

5.1 产品硬界面交互设计

可被用户识别与使用是产品的天然属性。在产品的创新设计过程中,是否能够满足人们对物品有形的体验需求与无形的服务需求是产品硬界面交互设计的研究范畴。

5.1.1 产品硬界面交互

产品硬界面交互即人与产品实体界面所发生的交互行为,主要包括产品显示硬界面与产品操作硬界面两个部分。

(1)产品显示硬界面

大多数电子类产品、机器或设备都需要通过显示装置来向用户传达产品的性能参数、运转状态、工作指令等信息。它们共同的特征是把产品的有关信息以用户能接受的形式进行显示。显示装置主要包括屏幕显示、仪表显示、信号显示三类。

①屏幕显示

目前市场上主流屏幕面板包括数码管显示屏、LCD液晶屏、LED点阵屏、OLED点阵屏和墨水屏(表5.1-1)等类型,设计者在具体设计中要根据产品定位进行合理选择。屏幕显示因兼具将图形、符号、文字、信号等静态信息集中显示,同时又能显示多媒体的图文动态画面的优点,越来越广泛地应用于人机交互的过程中。这就要求设计师在屏幕

表5.1-1　　　　　　　　　　　　　　主流显示屏的类别及优缺点

种类		特点	优点	缺点	案例
数码管显示屏		背光源显示，由电路控制，通过控制背光灯来显示，形状可随意设计，可用于异形或曲面产品上。	价格低廉、亮度均匀，控制灯变色。	只能显示固定图案。	
LCD 液晶屏	TN屏	属于低端液晶屏，背光源显示；大多应用于3英寸以下的小尺寸产品，主要应用于电子表、计算器、简单掌上型电子产品上。	价格低廉，可做多边形设计。	仅能呈现黑白单色及简单文字、数字的显示；可视角度有限。	
	STN屏	可显示多种颜色或全彩化，较省电，多用于对比强烈、画面转换反应较快的产品，如低档的笔记本电脑、掌上电脑或PDA等便携性数字设备。	价格相对便宜，工艺简单，成品率高。	价格相对便宜，工艺简单，成品率高。	
	TFT屏	显示反应更快，适用于动画及显像显示，广泛应用于数码相机、投影仪、笔记本电脑等。	色彩品质及反应速度比STN型产品好。	背光驱动，可视度及对比度、色彩还原能力与自发光的LED有差距。	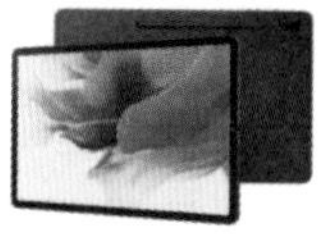
LED点阵屏		利用LED点阵背光显示；有单色、双基色、三基色（全彩)三类色彩配置模式，根据显示内容进行选择；还可以根据需求选择点阵密度以提升显示效果；当前的主流屏幕。	尺度选择区间较大；室内、室外均适用。	会反射蓝光；因背光无法全面关闭，不能显示纯净的黑色。	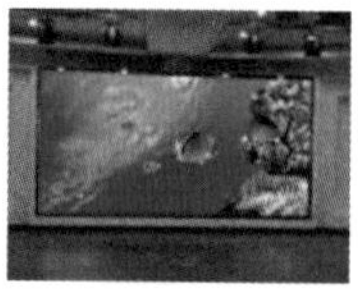
OLED点阵屏		OLED相比LED结构更简单，厚度可做到1mm以下，仅为LCD屏幕的1/3，并且重量也更轻；含有机二极管，不需要背光源，自身既发光又显色；尺度选择区间大，可做大、中、小尺度选择。	电量损耗比LED屏低；可显示纯粹的黑色；弯曲度较好，可做曲面屏；无可视角度问题。	使用寿命低于LCD；色彩纯度不足，不容易显示出鲜艳、浓郁的色彩。	
墨水屏		显示细腻，有背光，可随意弯曲，多用于电子书。	省电、节能；进入眼睛的短波蓝光较少，因此对眼睛相对无害。	价格昂贵；墨水屏亮度较高，刷新速度较慢，只能播放图片和文字阅读。	

显示设计中，需注意以下相关设计要点：

首先，屏面的大小与视距和显示信息的大小有关。一般视距应控制在50~70cm范围内，并且屏面大小在水平和垂直方向与人眼形成不小于30°的视角为宜。当显示信息较多或较复杂时，屏面尺寸可适当增大。

其次，除屏幕大小外，屏幕显示的分辨率和颜色、形状对显示信息也有较大影响。屏幕的分辨率越高，信息显示的清晰度越好，越易被用户读取。

屏幕的色彩显示一方面要遵循色彩（色相、明度、纯度）模仿客观世界真实物象的客观规律，如绿色代表安全、生命力，红色代表紧急、警示等；另一方面，需注意显示信息的色彩搭配，不同色相、明度或纯度的色彩搭配，在视觉上会产生色彩的冷暖感、轻重感、体量的膨胀感与收缩感、空间的前进感与后退感以及时间的快感与慢感，注意色彩的视觉心理会帮助我们在屏幕显示信息主次、视觉流程的编排中更有科学性与逻辑性。屏幕上不同形状的显示信息，辨认效率是不同的，其一般的易识别次序为：三角形、圆形、梯形、方形、长方形、椭圆形、十字形，当环境干扰强烈时，方形的识别性要优于圆形。

再次，屏面上须读取的文字、数字信息的大小（固定的文字、图案）要与视距搭配设置。从视觉的敏感度来看，信息显示越大越容易被识别。但在具体设计中，屏幕的适配条件是有空间标准和限度的，这就要求设计者进行适宜的尺度选择。

②仪表显示

仪表显示因具有精确的读取效果、直观的编排形式以及可变化多样的设计空间等优点，广泛应用于各类产品的显示设计中。其根据主要的认读特征可分为数字式显示仪表和刻度式显示仪表两大类。

数字式显示仪表（图5.1-1）主要指用数码显示具体操作参数和工作状态的显示装置，如数码显示屏、机械或电子产品的计数器等。它具备显示简单准确、可显示各类信息数值，以及认读速度快、精度高、不易产生视觉疲劳等优点。

刻度式显示仪表（图5.1-2）是用单位刻度值来显示产品相关参数和状态的显示装置。相较于数字式显示仪表，它可以通过将当前刻度值与全量程值产生比较参考，使用户更加明确产品当前的操作状态，预想后续的操作内容。刻度式显示仪表根据显示方式和人的视觉特性，外观可以选择开窗式、圆形、半圆形、水平直线形和垂直直线形等形状的刻度盘（表5.1-2）。

表5.1-2　不同形状刻度盘的特点与错误读取率

形状类别	显示特点	错误读取率/%	案例
开窗式	认读范围小，视线集中，眼动扫描路线最短，错误读取率最低。	0.5	
圆形	明确给出全量程数值，增加了数据读取的参照区间，眼动扫描路线较短，符合人们对仪表读取的认知习惯。	10.9	
半圆形	明确给出全量程数值，增加了数据读取的参照区间，眼动扫描路线较短，符合人们对仪表读取的认知习惯。	16.6	
水平直线形	明确给出全量程数值，增加了数据读取的参照区间，符合人眼由左至右水平读取的运动规律，误读率较圆形刻度盘大大增加。	27.5	
垂直直线形	明确给出全量程数值，增加了数据读取的参照区间，符合人眼由上至下垂直读取的运动规律，误读率大于水平刻度盘。	35.5	

刻度式仪表盘的大小对用户的认读速度和准确度有很大的影响，既不能太大，也不能过小。太大的刻度仪表盘，会导致人眼的中心视力分散，眼动扫描路线变长，视觉敏感度降低，从而影响数据读取。过小的刻度仪表盘，标识空间有限，导致刻度标记与数码变得细小且密集，难以辨认，甚至会导致误读。因此，在具体设计中，仪表盘的尺度要通过相关的人机实验来实际验证。结合操作时可能的操作视距（常规视距为500mm和900mm）、视角（最优视角2.5°～5°）来做具体实验，以寻求最合理的方案。

③信号显示

信号显示是指由信号灯产生的视觉显示信息。其主要有两方面作用：一是指示性，即吸引操作者的注意，指示操作，具有信息引导的作用，如具体的操作流程可利用指示灯来引导用户的操作步骤

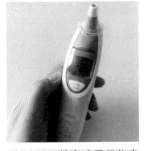

图5.1-1　数字式显示仪表　　图5.1-2　刻度式显示仪表

（图5.1-3）；二是显示工作状态，即反映某种操作、某个指令或某个运行过程的执行情况。如IRIS除螨仪（图5.1-4）利用红、黄、绿信号灯来显示智能检测传感器检测出的灰尘量，使操作效果可视化。

（2）产品操作硬界面

结合显示装置的信息提示，产品界面要配置与之相适应的操作装置，使产品的人机交互行为得以顺利实现。当前常用的手动操作装置有五类：按压式操作装置、旋转式操作装置、移动式操作装置、触控式操作装置、感应式操作装置（表5.1-3）。

图5.1-3 仪器操作键上的信号显示模式

图5.1-4 IRIS除螨仪的信号灯显示模式

表5.1-3　　　　　　　　　操作装置的类型及其特点

类型		操作特点和用途	人因条件	案例
按压式	按钮	按钮通常用作某个操作命令的开启与关闭，或功能区间调节，如手机上调节音量的按钮等。主要依靠手指按压来操作。	主要以成年人手指端的尺寸和操作方式来确定。按钮形状趋近于圆形的，推荐直径以8~18mm为宜；形状趋近于方形或长方形的，边长不得小于10mm，推荐以10mm×10mm、10mm×15mm或10mm×20mm为宜；按钮应高出界面4~8mm，按压行程2~6mm，按钮间的距离一般为12~25mm，最小不得少于6mm，以避免间距过密引起误操作。	
	按键	多应用于输入信息密集、需要多键协作，且操作效率与传输精度要求较高的产品，如仪器设备、计算机、数码机床等产品的信息输入。按键按工作原理主要分为机械式按键、塑料薄膜式按键、导电橡胶式按键三类。	接触按键最多的手部，手指尺寸和指端弧度是按键人机设计的关键。按键一般应高出界面7~9mm，按压行程5~7mm；水平排列的按键间距推荐6mm，过小则容易触碰到临近按键产生误操作，如果空间有限，可将按键纵行按阶梯式或向上10°~15°倾斜式排列以兼顾空间与键间距离的需要，也可通过适当增大键面尺寸提高操作准确度，或将按键设计成上窄下宽的梯形结构使键面间距离加大；键面宽度通常不小于12.5mm。	
	旋转式	旋转式操作装置包括旋钮、摇柄、手轮、十字把等。其中旋钮因其适用于单手操作，并且可以灵活进行多圈、定位、小角度转动等设置被广泛使用，特别在智能型仪器、智能设备中普遍采用。	设计时要确认装置的尺度、形状和位置，确定用户使用时的姿态与是否单手或双手操作等因素。如旋钮因多为单手操作，所以单一旋钮的直径可以选择在15~25mm或25~70mm之间，不宜过大或过小，导致因操作不便而产生的错误；形状可根据功能识别和操作需要选择圆形、多边形、定位指示等，也可以设计多种肌理来区分不同功能以增加识别力。	
	移动式	移动式操作装置包括滑动式的指拨滑块、手闸，牵拉式的拉环、拉手、拉纽，摆动式的调节柄、操纵杆和踏板等。其优点在于操作可靠性强，灵敏度高，不易产生误操作，一般用于操作参数稳定或需要紧急制动的设计。	设计时需要确保操作装置的尺寸、形状、位置，要充分考虑到使用者手部的大小、握持方式和操作力度等因素；根据预期的用户群体与使用场景，设计适当的操作力与阻力，使操作装置既易于操作，也具备良好的手感与控制力；确保操作装置易于观察与识别，使用户能够清楚地了解其功能和操作方式。使用清晰的标识或符号来指示操作装置的用途；提供适当的触觉反馈，如纹路、质感、形状等，让用户能够感知到操作装置的位置与状态。	

续表

类型		操作特点和用途	人因条件	案例
触控式		触控式操作装置因其外观的简洁化与科技感，且具有使用寿命长、操作简单、防水和强抗干扰等优点，当前广泛应用于电子产品、家电的设计中，用户的交互体验感较强。	触控按键常见的为电容感应式，可以穿透外壳8mm厚的绝缘材料（玻璃、塑料等），准确检测到手指的有效触摸；其适应温度范围较广，低温可以达到−10℃；按键形式可以选择单个按键、条状或环状按键、块状按键等，为获得最佳的触摸感应效果，按键形状尽量避免窄长的形状，按键间距不小于1mm；设计适当的反馈，如轻微的振动或声音提示，能够提高用户对触摸操作的信心。	
感应式	生物识别	生物识别是以生物个体特有的信息作为信息识别与传递条件的感应方式。它包括声纹、指纹、掌纹、虹膜、静脉、面部、步态等识别方式。其具有唯一性、盗取难度极高、可随身携带、无需手动输入等优势。	当前，生物识别已逐渐替代了传统的安全措施，如密码等，广泛应用于安防、身份识别、智能支付等领域，大大方便了人们的生活。其实施条件一般需要联网使用，并且有专门的运营者来维护，对产品的软、硬件条件要求较高，如虹膜识别需要专业的设备，成本较高；当前单一的生物识别也存在一定的伪造风险，在安全等级要求较高的使用场景中建议采用两种以上的生物识别技术进行验证。	
	体感识别	体感识别是指根据用户行为或某些有效特征进行指令识别的感应方式。它包括手势、表情、眼动追踪、热量、肢体动作等识别方式。其具有体感识别性强的交互方式与互动性，使用户拥有良好的交互体验感。	体感识别在智能型产品设计中为设计师所热衷，尤其在游戏领域中的应用，可以使用户有很好的互动体验，增强游戏参与感和代入感。体感识别的应用前提是操作识别的准确性验证，任一体感功能的实现都需要采集大量的用户体态数据来比对验证，以提高操作的准确性；体感识别的应用需要建立完善的容错机制，降低操作的错误率，提高效率。	
	信息识别	信息识别是指通过对信息进行简单的智能化处理和判断，进行识别的方式。它包括图片、图形（条形码、二维码等）、文字、物体、语言等信息的识别。其可识别类目广，但识别复杂信息的能力有限。	信息识别需要有高质量的信息采集与分析能力，具有输入速度快、精度高、成本低、可靠性强等优点。如利用射频识别技术RFID对生产、物流、金融服务等领域的管理；信息识别是数据的自动识别，是自动输入计算机进行数据采集分析的高度自动化的识别方式，其包含了众多技术的集成操作，并搭配专业的硬件，如人像识别摄像头、语音翻译器等。	

5.1.2 产品硬界面的交互设计原则

产品硬件界面作为产品与用户最频繁、最密切沟通的部分之一，其设计过程中需遵循界面位置与造型语意的识别性原则、布局的相合性原则、使用的便捷性原则、风格的统一性原则，是确保设计能真正使用户满意这一终极目标的有力保证。

（1）界面的识别性原则

产品的外观设计不仅要考虑形式的美感、潮流风格的塑造，更重要的是以用户为中心，以良好的用户体验为目标。产品界面设计的识别性是评价产品硬件交互界面设计优劣的重要标准之一。

①可视性

具有一定功能属性的部件必须放置在显而易见的位置，符合人们的认知习惯，在观察视域内，以保证向用户直接传达正确的操作信息。图5.1-5是带有密码锁功能的门把手，将密码锁结构与把手形态相融合，使用户可以轻松接收到产品使用方式的相关信息并快速做出反应。

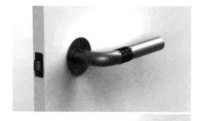
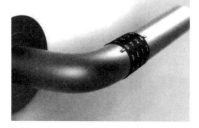

图5.1-5　带密码锁的门把手

图5.1-6　公共售票机界面设计

图5.1-7　灶具操作界面设计

②提示性

产品硬件交互界面在设计过程中，为求使产品各功能部件保持形式上的统一，往往会损失一定的可视性，这就要求设计者在设计的细节中加强界面的提示功能，比如利用图形、符号、灯光、语音等方式提示用户使用流程。图5.1-6是公共售票机的界面设计，其操作流程较为复杂，其按键与出票口等部件结构空间布局有特殊安排，这就需要在界面设计中加强部件操作的提示性设计，如图5.1-7所示灶具操作利用集中的符号标识来对应提示灶眼的位置。

③安全性

产品界面位置的选择对产品的安全性有着重要的影响。首先，操作界面要具有可见性与可达性，即需要用户快速操作与反应的界面要设置在用户容易看到和够到的位置，使操作界面与用户的自然视线和操作方向相匹配，可减轻用户疲劳与不适，提高使用效率。反之，需要防止意外触发的界面，如数据端口、电源端口、车门童锁（图5.1-8）等，需设置在不易被识别的位置或设置防范措施，这样有助于减少误操作和意外的发生。其次，操作界面不应位于可能干扰用户注意力或操作的位置，例如靠近危险区域或其他容易分散注意的元素。再次，

图5.1-8　汽车车门童锁设计

在设计操作界面位置时，应遵守相关的安全标准和法规要求，如医疗仪器、安全设备等，需确保产品在使用过程中的安全性。最后，如果由于条件所限，产品操作界面的位置设置不明显或不容易识别和理解，应提供清晰的标识或用户培训，以帮助用户正确地实施操作。

（2）布局的相合性原则

用户对界面的准确理解是关系到用户操作是否顺利并达到使用目的的关键。用户与产品的良性互动依赖于界面显示部件与操作部件等硬件要素在空间位置、运动方向、认知习惯、控制-显示比等方面的和谐统一，符合用户的认知习惯和操作预期，从而带给用户舒适、愉快的操作体验。

①空间位置的相合性

工业产品因其三维立体的形体特点，其界面具有多面向、多角度的空间特点。首先，操作装置和显示部件的空间位置选择要结合产品功能与结构造型特点进行主次认定。与产品核心功能相关的显示或操作部件要设置在产品的主要界面上，如SKrillex便携衣物烘干机的界面设计，其产品核心功能包括衣物速干、UV杀菌、定时，次要功能包括灵活收纳、一机多用、悬挂放置等。其核心功能操作部件放在了产品的中心界面区域，用户能实时迅速地实现对产品的核心操控，同时在任何使用情境下都不会阻碍操作的自由进行。次要功能的相关操作则分布在左右、背面等其他产品面上来辅助操作，界面空间结构布局有主有次，层次分明。其次，操作装置和显示部件在空间位置上应具有一定的对应关系，如操作装置一般布置在与之相关联的显示部件的右侧或下方，方便用户操作与观察，简化了用户的熟悉过程，一目了然，有利于操作的快速切换（图5.1-9）。

②运动方向的相合性

在产品界面设计中，操作装置的运动与显示部件信息显示的运动方向要符合用户的认知习惯。如操作装置右移、向上或顺时针旋转时，人们会自然认定是增量的方向，显示部件也要同步显示增量信息。如图5.1-10所示，可视化音响设计中的触摸式音量调节装置向上滑动为增加音量，向下滑动为降低音量。

③认知习惯的相合性

界面设计应遵循用户的普遍认知习惯和认知方式。

首先，在设计中避免出现违背常理或需要通过特别学习才能掌握的操作方式，如开关机键多用一键按压开启或滑块推拉的方式，不用过于复杂的旋转等方式。

其次，当产品操作部件较多或互有承接关系时，如汽车的中控、按键较多的遥控器、操作模式丰富的音响等产品界面，可将功能类似或操作顺序相连的操作部件设置为独立且形态、色彩、质感统一或契合的控件小组，利用用户的认知习惯归纳各部件的功能属性，从而提升用户下意识操作的准确性，增强用户面对复杂操作的自信心，以完善用户体验（图5.1-11、图5.1-12）。

最后，对于操作流程较长的产品，如全自动洗衣机的操作流程（图5.1-13、图5.1-14）需要复杂、细碎的功能选择环节，包括洗涤方式选择、清洗时间的控制、洗涤目的的设定、洗涤温度的调节等步骤，设计者需要对操作流程进行分解，划分工作步骤，并结合用户的操作习惯，如由左至右、由上到下、由中心到四周等认知逻辑进行单一面向的平面线性布局，或结合产品结构进行多面向的空间

图5.1-9　SKrillex便携衣物烘干机的界面设计

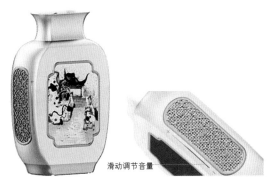

滑动调节音量

图5.1-10　中式园林文化意境下的可视化音响设计（设计：大连工业大学学生宁涵迪；指导教师：佟鹏莺）

图5.1-11　迷你音响界面设计

图5.1-12 遥控器界面设计

线性布局。这有利于帮助用户理解操作流程，使用户能够轻松推进操作步骤，避免遗漏操作环节，化繁为简，提升操作正确率。

④控制-显示比

控制-显示比简称"C/D比"，主要指操作装置的位移量与显示器显示反馈的位移量之间的比例关系。C/D比的数值关系着使用者对产品操作的直观感受，灵敏度低的操纵器往往操纵位移量大，但显示器显示反馈的位移量小；相反，灵敏度高的操纵器往往操纵位移量小，但显示位移量大。具体产品C/D比的最佳选择通常需要通过实验来确定。不同类型或相同类型不同用户的产品，C/D比是不尽相同的。合适的C/D比有助于用户更精准地控制和感知产品系统的状态。

（3）使用的便捷性原则

使用的便捷性是一个产品得以产生和存续的前提条件之一。当前，不断加快的生活节奏与日益联系紧密的人群正逐渐影响着消费者的购买决策。在全球范围内，越来越多的消费者在购买产品时，将目光投向能为生活带来便利的便捷性产品。便携的操作会大大降低用户的畏难情绪，为用户增加成功操作的自信心，从而建立产品与用户的信任关系，扩大产品的用户群，提高品牌信任度。

产品操作的便携性主要以简明的操作方式、健全的容错机制、材料及工艺的有效选择为衡量标准。

①简明的操作方式

在产品交互界面设计中，简单明了的操作方式

图5.1-13 全自动洗衣机的操作界面（一）

图5.1-14 全自动洗衣机的操作界面（二）

设计非常重要。简单易理解的操作方式可以帮助用户更轻松、高效地完成任务，提高用户的满意度和使用体验。如何使操作方式更加简单扼要，在设计中应注意以下设计要点：

a. 使界面设计元素与产品操作方式保持一致，如界面上相似的功能和操作，采用相同的操作逻辑和识别方式。

b. 在一定程度上简化任务流程，减少或整合一些不必要的操作步骤，使操作目的更加明确。

c. 带有指示功能的界面图标设计要使用户能准确识别，合理选择搭配图形、文字和颜色等识别要素，避免用户在识别过程中产生困惑。

d. 产品在用户操作后，需及时给予用户反馈。

e. 在产品定位允许的范围内，尽量选择生物识别、体感识别等感应式操作装置。

f. 在新手用户操作时，尽量提供引导和提示信息，帮助其能够快速了解操作方法和注意事项。

②健全的容错机制

产品交互界面是否能够使用户方便快捷地进行操作，从而提升产品的使用体验感，建立健全的容错机制至关重要。产品的容错机制是指产品对错误操作的承载能力，即产品在操作时出现错误的概率，以及错误操作出现后得到解决的概率和效率。

一般来说，产品的容错机制会结合该产品具体的使用流程来构建，主要分为操作进行前、操作进行中和操作进行后三个阶段进行设计。

a. 操作进行前的引导与提示　在用户对产品进行操作前，可以通过信号灯、显示屏、语音等提示方式给予用户正确的操作引导与提示，这样可以避免操作者犯错，提高操作过程的正确率。这尤其对于新手用户或界面操作信息复杂的产品是非常必要的。

b. 操作进行中的限制与防范　当用户处于对产品进行操作中，可以在某些选择性操作流程（如挡位、模式等选择）或安全性操作环节（如关车门、解绑安全带、退出等）中设置一些阻碍性操作（如长按、阻尼反馈、声音预警等），可以有效避免用户在不自觉的操作中产生错误。

c. 操作进行后的帮助与解除　当用户在产品操作时已产生误操作，能够提供及时且有效的解除方法，并帮助用户使产品恢复到正确的操作状态，这样可以大大提高操作的成功率，从而缓解用户因误操作产生的挫败、焦虑等负面情绪，提高用户对产品的信任度。

③材料及工艺的有效选择

产品的外观材质和表面处理工艺的选择也直接关系到用户的操控体验。

a. 材质的选择　不同的材质会提供不同的手感，如金属、硅胶、塑料等材质都有各自的触觉特点，结合产品界面的操作需求选择适合产品定位和用户感受的材质是关键的。舒适的使用手感可以提升用户的感官体验，同时也能间接引导视觉识别，帮助用户增强操作的自信心，从而提高操作成功率。

b. 表面处理工艺　材质不同的表面处理工艺可以改变材料的触感，丰富产品交互界面的层次感。比如，哑光或磨砂的表面处理工艺能够增加摩擦力，改变材质的肤色，并提示用户功能分区以便更加准确地操作。而光滑的表面处理工艺则提供细腻、舒适的操作感。

c. 细节设计　无论是显示界面还是操作装置的质感设计，产品功能操作界面的细节设计都至关重要。这些微小的细节可以使用户直接体验到产品的优劣。因此，在产品设计中，一定要充分考虑用户需求，通过精心的设计，创造良好的用户体验。只有关注细节，产品才能满足用户期望，从而增加市场认可度和附加值。

（4）风格的统一性原则

保持产品交互界面风格的统一性，首先，可以降低用户的认知负担，使用户更容易理解和使用产品，降低学习成本，促使用户在不同的操作页面或功能中遇到相似的界面元素和操作方式时，可以更快地适应和掌握产品的使用方法。其次，统一的界面风格有助于塑造品牌的独特形象，因为一致的设计元素，如图标、字体和颜色等可以不断地加深用户记忆，从而在用户心中确立起品牌的形象特征，提升品牌的识别度。最后，界面风格的统一性可以帮助产品，甚至产品品牌建立共同的设计标准和规范，这不仅在一定程度上减轻了因后期修复、改进或添加功能而增加的工作强度，还可以更高效地进行后期的拓展与升级。

实现界面风格的统一可运用以下方法：

a. 创建一套详细的界面设计规范，包括图标、字体、颜色、按钮等界面风格元素的形式规则，并确保团队所有设计师和开发人员都遵循这些规范。

b. 在产品软硬界面设计中使用一致的设计语言，例如相同的图标风格、相同的按钮样式、相同的字体配色等。

c. 保持每个操作界面的空间布局和结构的相似，用户可以更容易地适应和理解不同的页面。

d. 统一产品的交互方式。例如相同的按钮操作方式、相同的滑动调节效果等。

5.1.3 便携式熨烫机设计案例解析

（1）课题背景

在当今快节奏的社会中，人们的出行变得日益频繁。无论是因工作需要频繁出差，还是热爱旅行去探索世界，保持衣物的整洁和平整对于个人形象和舒适感都至关重要。出差时，人们往往需要在不同的场合展现出专业和得体的形象，但长时间的旅行和行李携带限制可能导致衣物出现褶皱。旅行中，人们也希望自己的衣物能够随时保持良好状态，以更好地享受旅行过程。这就催生了这款小巧、高效、安全的便携式熨衣机（图5.1-15）。

（2）设计定位

课题研究前期运用调研问卷、访谈、案例分析、竞品分析等方法进行市场调研，锁定目标用户与产品细分市场。建立用户画像，主要为20～35岁有出行需求的年轻群体设计一款以便携、收纳、多功能为主要特点的熨烫机产品，帮助必须携带熨烫机出行的人群解决因行李箱空间小而收纳空间局促、一机多熨等需求痛点问题。

（3）设计草图与方案推敲

设计前期，针对用户对于便携式熨烫机的小巧、便携、易于收纳等需求进行产品硬界面交互方式的初步设计（图5.1-16～图5.1-18）。

图5.1-15 便携式熨烫机设计效果图（设计：大连工业大学学生杨玲琴；指导教师：高华云）

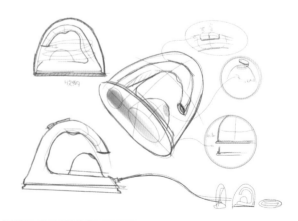

图5.1-16 设计草图（一）

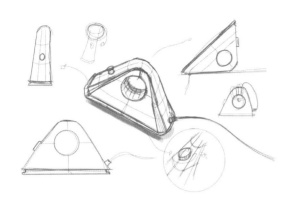

图5.1-17 设计草图（二）

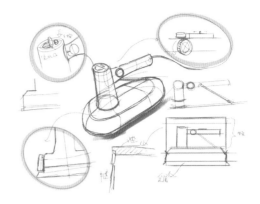

图5.1-18 设计草图（三）

（4）设计效果图

方案最终效果简洁、美观（图5.1-19），尺度小巧，重量轻，方便携带（图5.1-20、图5.1-21）。结构设计合理，既考虑到收纳方式，也注意到熨烫机操作过程中的放置需求（图5.1-22～图5.1-24）。熨烫机面板材质选择照顾到目标用户的具体需求（图5.1-25）。手持方式符合人体工程学原理，便于手持和操作（图5.1-26）。颜色选择时尚、清新，符合当下年轻人群的审美需求（图5.1-27）。

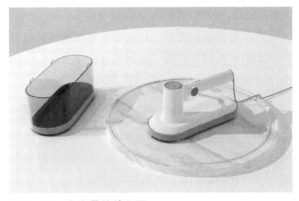

图5.1-19 方案最终效果图

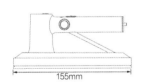

图5.1-20 熨烫机三视图

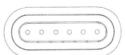

图5.1-21 熨烫机底座三视图

图5.1-22 收纳方式设计

图5.1-23 放置方式设计

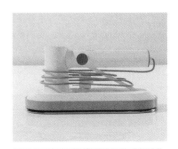

图5.1-24 电线收纳方式设计

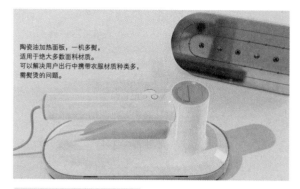

陶瓷油加热面板，一机多熨，
适用于绝大多数面料材质。
可以解决用户出行中携带衣服材质种类多，
需熨烫的问题。

图5.1-25　面板材质选择

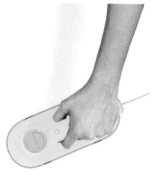

图5.1-26　手持方式

图5.1-27　产品色彩选择

（5）产品硬界面的交互细节设计

产品硬界面的交互设计遵循了界面的识别性原则、布局的合理性原则、使用的便捷性原则、风格的统一性原则。

产品注水口、开关键、调节键等设计细节，注意到了硬界面交互的可视性、易识别的相关原则，利用醒目的位置设置、红白与灰白的对比配色、中心式对称的空间布局使其使用方式一目了然（图5.1-28、图5.1-29）。

旋转式挡位调节键使操作模式自由切换。移动滑块式结构的开关键设计，有效地减少使用过程中的误操作问题，并辅以显示灯来提示操作状态，保证用户交互感受的舒适性（图5.1-30、图5.1-31）。

方案材质选择也充分考虑了项目易携带、易收纳的需求特点，采用方便缠绕折叠、耐用的电线材料，加上卡槽结构细节设计与之搭配，充分照顾到使用者收纳过程中的感受（图5.1-32、图5.1-33）。

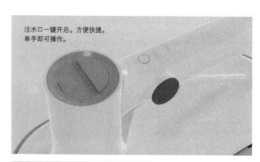

注水口一键开启。方便快捷。
单手即可操作。

图5.1-28　注水口细节设计

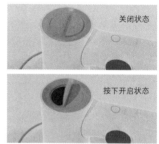

关闭状态

按下开启状态

图5.1-29　开关键与调节键
细节设计

一键推动开关。
标识灯可以帮助用户快速识别使用状态

图5.1-30　操作装置设计（一）

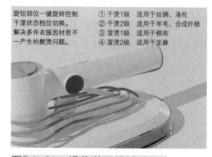

旋钮部位一键旋转控制
干湿状态挡位切换。
解决多件衣服因材质不
一产生的熨烫问题。

①干烫1级　适用于丝绸、涤纶
②干烫2级　适用于羊毛、合成纤维
③湿烫1级　适用于棉布
④湿烫2级　适用于亚麻

图5.1-31　操作装置设计（二）

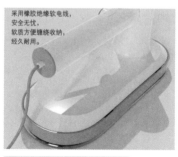

采用橡胶绝缘软电线，
安全无忧，
软线方便缠绕收纳，
经久耐用。

图5.1-32　电线材质选择

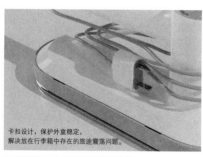

卡扣设计，保护外盒稳定，
解决放在行李箱中存在的旅途震荡问题。

图5.1-33　结构细节设计

挂烫机编号：DE-119			
用户信息	用户基本信息		人机工学信息
	用户编号	G-001	身高(mm)	161
	性别	女	体重(kg)	47
	年龄	25	掌宽(mm)	76
	职业	摄影师	其他	习惯用拇指按键
	备注	操作习惯：左手放在衣服上，右手持熨烫机		

总体评价（用户的总体使用感受，以及对于形态、尺寸、重量、按键、CMF等的详细评价）

用户评价原始记录

我感觉吧，这个挂烫机很小巧，拿在手里使用很方便，是个有线的挂烫机，不用担心出门带着的时候没电，这个造型设计的很合理，线就能很好的收纳了，不用为出行到酒店一打开行李箱发现线很杂乱而烦恼。重量吧，我觉得还不错，轻巧便携。

关于这个熨烫机的按键挺有意思的，它每个形态都不一样，不用看就知道该怎么操作，拨动调节状态的按键挺新颖的。

颜色吧整体偏白色，加上有红色点缀，颜值就比较高，比较偏中性色彩，材质是塑料材质和金属底板，加热很快。握把处手贴在上面就比较舒服，质感不错。

我感觉吧这熨烫机应该比较适合外出旅行或使用吧，方便携带嘛，而且收纳也很方便。

原始素材（图片、视频等）编号	G-001

用户评价原始信息

图5.1-34　利用目标用户的使用评价验证方案

方案验证阶段，利用目标用户的使用评价验证方案硬件交互设计的有效性与合理性（图5.1-34、图5.1-35）。

挂烫机编号：DE-119			
整体框架	尺寸	综合评分：92.2	尺寸小巧、轻盈
	重量	综合评分：88.6	重量适中
	形态	综合评分：90.5	人机工学、受众人群广
局部	按键	综合评分：82.4	按压适中、体验良好
	旋钮	综合评分：85.5	拨动舒适、体验较佳
	CMF	综合评分：85.1	白色偏中性、塑料材质为主、触摸质感佳
	供电	综合评分：85.5	有线、大众化
综合结论			
1. 有线USB使用方便快捷 2. 造型设计方便收纳，适合出行携带 3. 颜色中性，人机工学，适用人群广 4. 按键和旋钮灵活度良好，体验舒适			

图5.1-35　利用目标用户的使用评价验证方案

5.2　产品软界面交互设计

随着科技的日新月异与互联网时代的到来，越来越多的新型智能化、交互性产品进入到人们的生活当中，使得人机交互方式也发生巨大的变革，人们更加关注产品的用户体验，也使产品软件交互界面设计变得越来越重要。

5.2.1　产品软界面交互设计的内容

对于产品设计而言，软界面交互设计的内容主要集中于产品嵌入系统界面设计与辅助产品使用、提供产品后续服务的应用程序的设计，如App、小程序等。

（1）嵌入系统界面设计

嵌入系统界面设计是指为嵌入式设备（如车载导航系统、医疗设备、智能家电、公共设备、可穿戴设备等）设计用户界面的过程。如图5.2-1所示，为外来游客提供旅游咨询等信息查询服务的服务型机器人，就需要进行产品的嵌入界面设计。

在嵌入系统界面设计过程中，设计师需要关注以下设计因素：

①市场分析与用户需求

在设计之初，首先，需要对项目所在的行业当前的发展状态、发展趋势和发展前景进行客观调查与分析，明确本项目的行业目标。其次，需要了解

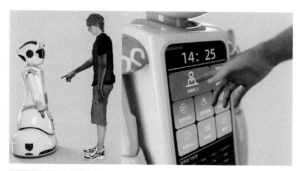

图5.2-1　川行智能——基于川剧文化设计的智能服务型机器人（设计：大连工业大学学生欧阳海杰；指导教师：佗鹏莺）

目标用户的社会背景、操作需求、使用场景与操作习惯。通过详尽并富有洞察力、想象力的观察与研究，获取准确、合理的用户需求与目标，这样可以事半功倍地设计出符合用户期望的界面。

②信息层次架构

结合前期对用户需求与期望的梳理，提炼界面展示信息，并将其按照功能、主题方式或用户任务等进行分类和组织，建立清晰的信息层次架构。如图5.2-2所示，智能宠物喂食器的嵌入系统界面信息框架将重要信息放在突出位置。确定一级界面和

二级界面等，一级界面一般都作为载入页或待机页，是用户操作的开始点，包含主要的功能与核心信息。同时根据具体产品的界面需要，通过创建二级界面、三级界面等来展示更详细的内容或相关操作。

③页面信息的布局与排版

嵌入式系统界面设计，一方面要重视与尊重用户的识别与使用习惯，保证每一级界面上的信息元素都要进行合理的布局。使用适宜的图标、字体、配色和页面布局来增强信息的可视性，确保重要信息易于被用户阅读和理解，从而使界面操作更具有可用性和易用性。另一方面，要保持各级界面版式风格与形式的一致性，确保用户在不同功能或页面切换中能够轻松适应。在此基础之上，要遵循相关品类产品的设计标准和用户指南，确保用户体验的一致性。

④建立导航系统

在页面信息规划的同时，要建立便捷的导航系统，用以充分协调产品软、硬界面的操作流程（图5.2-3），利用菜单、图标、按键或语音等元素来建立不同的导航方式，帮助用户方便快捷地在不同页面或功能之间切换。并提供及时的反馈和响应设

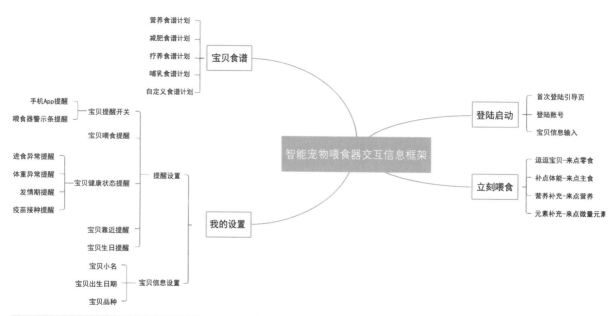

图5.2-2　智能宠物喂食器交互信息框架图（设计：大连工业大学学生赵翌彤；指导教师：刘正阳）

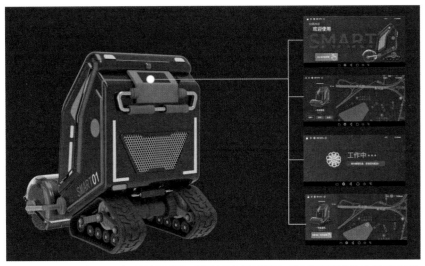

图5.2-3　产品嵌入界面设计：SMART-住宅小区除雪机设计（设计：大连工业大学学生赵君雨；指导教师：魏笑）

计，来保证界面在不同操作环境下的响应速度，避免操作的卡顿或延迟。

⑤测试与改进

邀请典型目标用户对样机或真机进行实际操作实验，利用观察访谈、问卷调查、眼动追踪、A/B测试（也称拆分运行测试）等可用性测试方法，来跟进测试与评估界面信息层次架构和界面交互设计的实际使用效果，以求发现界面交互设计潜在的问题，来获取改进的机会，分析与总结测试结论，并根据用户反馈进行迭代改进。

（2）App、小程序界面设计

产品的应用程序设计一般主要指产品App或小程序设计。它的主要作用是产品实体界面信息与交互的拓展与补充，即当产品实体界面由于用户使用习惯、使用场景、软硬件技术、产品体量等客观因素限制，无法承载过多的交互信息来完成交互需求闭环，这就需要借助大众通用的移动端（如智能手机等）进行产品应用程序的辅助执行（图5.2-4）。如健康监测可穿戴产品需要对功能需求、用户体验、数据监测的准确性和可靠性、外观审美等设计因素进行把控，产品体量设计不能过大，操作界面

信息也不能太过复杂或嵌入太深，因此针对数据收集、整理、分析或比较，以及产品数据更新、产品后续服务等信息交互任务就需要利用产品App或小程序等应用程序辅助完成。

产品的应用程序界面设计需要注意以下问题：

①应用程序界面风格要与产品的外观风格保持一致

产品的应用程序是产品实体功能的补充与延伸，因此其界面风格要与产品的实体界面风格保持一致。这样不仅可以增强用户对产品的整体感知，建立和强化产品的品牌形象，促使用户更容易识别

图5.2-4　产品应用程序界面设计：SMART-住宅小区除雪机设计（设计：大连工业大学学生赵君雨；指导教师：魏笑）

和记忆产品，也可以更好地传达出产品的专业感和品质感，提升用户对产品的信任度。

②运用视觉属性将元素分组，构建清晰的视觉层次结构

视觉属性是指通过感知可以观察到的设计元素的特性，它可以影响用户对物体或界面的感知和理解。常见的视觉属性包括颜色、形状、尺度、字体、方向、对比度等。这些视觉属性可以单独或组合使用来实现视觉上的平衡与和谐，并借以传达界面信息，引发用户的情感共鸣。如图5.2-5、图5.2-6所示系统休眠界面与ATM机取款界面设计，以模糊处理的背景图衬托文字组合进行视觉层次的构建，文字元素也根据具体内容的重要程度进行了界面位置、字体大小、字体粗细、虚实关系等视觉层次的设计。方便用户识别与操作的同时，界面视觉上更加协调美观。

a. 颜色　颜色包含色相、纯度和明度三种属性。可利用色相的不同来帮助区分界面中的不同内容或组别。也可以利用色相来传达产品的属性，如绿色体现环保，蓝色表现时尚清新，紫色表现浪漫神秘等。还可以运用颜色的色相、纯度和明度进行视觉对比设计，以帮助界面进行区域划分和信息主次关系的梳理。

b. 形状　形状是物体的几何形态，如圆形、方形、椭圆形、三角形等。它可以影响物体的视觉吸引力，辅助传达视觉信息，帮助界面定义信息的属性，如圆形表示按钮，方形表示文本框等。

c. 尺度　通过元素的大小表示信息的重要性和层次结构，较大的元素更容易引起注意，从而突出重要信息。也可以利用尺度的变化引导视觉流程。统一的尺度如相同的字高、间距，相同大小的图片等可以营造秩序整洁的界面效果，同时更好地组织信息。

d. 字体　使用不同的字体样式、大小或颜色等来区分不同的元素或组别。例如，可以使用加粗的字体表示重要的文本；也可以通过字体辅助表达操作系统类型，如黑体或宋体适合严谨、理性的界面等；需要快速读取的文字，以满足高视阅率为标准，不易选择难识别字体。

e. 方向　方向是指物体或元素的朝向或运动方向。它可以影响视觉的流动，从而引导用户的注意力。

f. 对比度　确保信息与界面背景之间有足够的对比度。

③各级界面的目标

结合前期制定的界面流程图，确定各级界面的具体功能和目标。例如，主界面一般提供主要功能和导航选项，在二级界面、三级界面等子界面中展示具体的内容和操作。各级界面需使用简洁明了的语言和图标等，来准确传达其功能与含义。

④创造界面视觉上的美观性与愉悦感

设计者可以通过和谐的色彩搭配、合理的字体选择、表意明确的图标、简洁有层次的布局、高质量有吸引力的图片与插图，以及精致的细节处理创造出具有美观性与愉悦感的界面。它不仅可以提升用户需求与产品功能的契合度，同时也会给人留下积极的印象。

图5.2-5　系统休眠界面

图5.2-6　ATM机取款界面

5.2.2　基于情感化设计的多功能智能扫地机器人设计案例解析

（1）课题背景

随着科学技术的突破创新，和社会生活的不断发展，用户对产品的需求已经从物质需求上升到更高层次的精神需求，即对产品在情感上的需求表达。且在如今物联网和大数据的趋势下，智能家居生态链成为现在和未来的潮流之一，智能家居快速发展，如扫地机器人这样的智能家居产品会更多地出现在我们的生活中，为我们带来更加便利、舒适的家居体验。

本案例是一款考虑用户情感要素的智能扫地机器人设计，目的是让用户更好地享受在家居环境中与有情感、有温度的智能产品间的互动体验，为用户带来更美好的家居生活，增添生活的仪式感。以"打动人心的现代美学造型为基础+智能的互联管家+愉悦的互动体验+个性化定制体验+多功能智能扫地机器设计"为概念，更好地服务于用户，使其得到优质的交互及情感体验（图5.2-7）。

图5.2-7　基于情感化设计的多功能智能扫地机器人设计效果图（设计：大连工业大学学生念盈汐；指导教师：佗鹏莺）

（2）市场调研

课题市场调研阶段，一方面对近年来国内外扫地机器人的市场需求趋势、技术应用与交互化程度、生产制造及销售渠道等市场前景进行了系统的研究和梳理，确定项目研究的价值和锚定方向。另一方面，对用户群体做了系统的调研，通过问卷、访谈、观察、文献等调研方法对本项目目标人群的年龄分布、收入、生活环境、社会环境等人因要素进行分析，确定具体的需求目标和内容（图5.2-8~图5.2-11）。

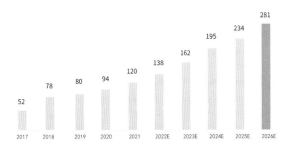

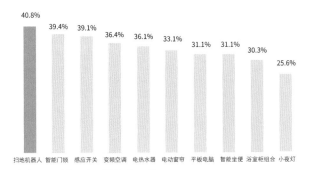

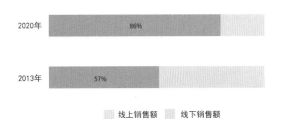

图5.2-8　产品市场调研（一）

扫地机器人

| 上游原材料 | 中游制造 | 下游流通 |

| 原材料及零件 | 机器制造 | 销售渠道 | 消费者 |

核心零部件

芯片，传感器，电子元器件，电池，注塑机，电机，地刷等

扫地机器人制造

代码实现，芯片烧录，部件加工，征集组装，检测检查

线下渠道
专卖店，卖场

传统线上渠道
淘宝，京东等

社媒线上渠道
抖音，快手等

终端消费者

原材料

塑料粒子，包材，金属等

图5.2-9　产品市场调研（二）

第一代（随机碰撞）1996—2000年	第二代（局部规划）2000—2010年	第三代（全局规划）2010年至今	持续不断的技术迭代	
难用	**可用**	**好用**	扫拖一体	热风烘干
地图模式　无地图	地图模式　碰撞产生地图	地图模式　扫描生产地图	自动洗拖布	自动上下水
			自动集尘	不缠绕毛发
传感器　红外和码盒依靠超声波探测器实现基础避障	传感器　陀螺仪和激素计实现惯性导航	传感器　LDS SLAM激光雷达 VSLAM顶置摄像	AI实时视频	干Pa大吸力
			App联动	智能语音
缺点　智能性差清扫时间长复扫，漏扫率高	缺点　长时间和复杂环境使用易致陀螺仪漂移和轮子打滑造成定位偏差和漏扫	优点　拥有全局地图和实时定位，分区域打扫功能；清洁效率高，用户体验优秀	AI视觉避障	地毯检测

图5.2-10　产品市场调研（三）

扫地机器人属于智能家电品类，又是清洁用品，所以消费者中既有女性和男性，且跟他们一样的年轻消费者，不在少数。据调研，扫地机器人的主力消费群体中，21~30岁占比42.33%，31~40岁群体占比为34.95%，越来越多的年轻人，正在成为扫地机器人的主要买家。

不同价格段扫地机器人销售人群存在差异：家庭用户注重产品的性价比、更青睐大众品牌；学生和小镇人群因为收入有限，购买大众品牌规模不大但增速较快；中等消费群体生活富足，购买聚焦中高端价位，都市年轻群体生活压力大，更加追求高效生活因此增长迅猛。

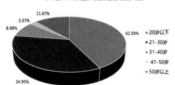

高线年轻客群潜力庞大，懒人经济催动市场持续发展

扫地机器人用户规模全线增长，核心客群以高线大龄已婚男性为主，低线未婚年轻女性用户虽然规模尚小，但增速较快，是扫地机器人的高潜客户。

21-40岁是扫地机器人的主要关注人群

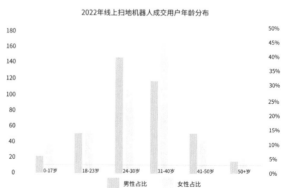

图5.2-11　人群分析

（3）设计定位

通过市场调研，明确目标用户群体的特点，以及他们具体的需求和期望，从而确定产品的设计方向与目标。如图5.2-12、图5.2-13所示，本次产品的设计定位为新生代审美+产品情感交互方式。

因为主要通过情感化来设计产品，所以我的创新设计重点不是放在新技术和功能上，而是产品情感化的造型语言和交互概念上。
我决定尝试各种不同的造型语言来设计扫地机器人，通过各种不同情感语意来赋予它新的情绪价值。

当一个人接触新鲜的事物——产品时本能上的反应是最快的，对其是否感兴趣，直接来源于视觉中的产品。重新定义产品的色彩和造型可以赋予产品新的生命力，在情感上与产品做连接，消费者在看到产品时勾起某种情绪以及回忆，对产品产生共鸣而消费。

因为在心理学研究中，色彩是人类心理感受最原始最直接的驱动力，可以对人类的情绪产生直观的影响。产品的色彩可以表达很多，除了视觉上的美感，更加承载着用户生理与心理上的需要。

美丽的事物令人愉悦，给人留下深刻的印象，产品也同样，或者甚至，大家在有选择的情况下都会挑选好看的喜欢的产品，所以这次设计更注重的是外观造型。
虽然产品的外观不是绝对的，但是我们不得不承认，一个好的设计，首先在外观、色彩、形态上要给予使用者良好的印象，甚至在未使用前便赢得认同。这份情感上的认同，有助于更好地提升扫地机器人的产品竞争力。

情感化造型与色彩赋予产品新的生命力

除了色彩，产品的外观与情感是不宜分割开设计的，造型上的情感，使产品更容易与用户进行感情上的连接，提升产品细节交互体验、增添愉悦的情感体验，可以让用户对产品产生心理依赖。有趣的造型和相匹配的色彩搭配容易吸引到消费者。一些公司的产品设计创新，让产品拥有丰富的情感设计表达，让人感受到美好的生命力，打破了同类产品呆板、千篇一律、注重功能但是不好看的造型风格，设计师创造出很有亲和力的产品造型，产品上线后颇受消费者追捧。

图5.2-12　设计定位（一）

需求人群： 00后，80~95后的需求人群

扫地机器人目标客户人群分析

高线年轻客群潜力巨大，懒人经济催动市场持续发展

扫地机器人用户规模全线增长，核心客群以高线大龄已婚女性用户为主，低线未婚年轻女性用户虽然规模尚小，但增速较快，是扫地机器人的高潜客户。

新生代更崇尚"为热爱买单"

央视的消费调查显示，千禧年出生的中国年轻一代逐渐成为中国经济、文化与消费的主导力量。他们社交需求旺盛，审美要求极高；他们热衷消费，但不消费至上；他们崇尚有思想、有质量的内容，更具文化自信。

2022天猫消费者洞察报告指出，新生代家装消费群体对产品美学有独特的见解。一个最为明显的变化是，对于当下的年轻消费群体而言，审美已经成为一种刚需。

消费人群分析 消费者主体是青年男女，爱宠人士和z时代人群，所以要迎合他们的审美趋势。

女性和爱宠人士，小资男女和Z世代人群产品消费审美趋势?

图5.2-13　设计定位（二）

产品定位为中高端清洁产品
以年轻女性消费者，爱宠人士消费者，青年，家庭中年女性为主

Z世代崛起带来的潜在消费力

Kantar一份报告指出，截至目前中国的Z世代人群最庞大，约1.49亿人，预计到2020年Z世代将占据整体消费力的40%。相比于父辈们较为保守的消费观念，Z世代群体消费更为开放，他们更追求品质生活，这代人平均教育水平的提高也带来较为可观的收入和消费能力。扫地机器人自进入中国市场以来，在线销售为主要销售渠道，占比超出了60%。年轻人群的快速崛起，是线上消费扫地机器人的主力军。

年轻人，多数现代人的审美如何?他们喜欢什么样的产品CMF?

新生代掀起审美风潮，颜值消费崛起

产品颜值，产品风格，温馨，奶油风，宠物元素，卡通，萌趣，科技风，极简风，复古风

（4）设计草图

①初期草图

设计者在初期草图造型设计中，延续了当下目标人群对智能型家电极简风格、苹果风格、科技风格的喜好，结合多种交互技术进行了"第一版"产品外观设计。其中大多数方案形式现代简洁，科技感较强，但缺少情感因素的融入（图5.2-14～图5.2-19）。

在第一版草图设计探索的基础上，设计者又对复古风格、轻奢风格、古典风格等具有一定个性化形式特色的风格要素进行提取，尝试了"第二版"设计（图5.2-20～图5.2-23）。

图5.2-14　初期草图（一）

图5.2-15　初期草图（二）

图5.2-16　初期草图（三）

图5.2-17　初期草图（四）

图5.2-18　初期草图（五）

图5.2-19　初期草图（六）

②定案草图

根据产品定位与用户的需求特点最终选择"拟宠物风格"方案作为定案草图，同时对本风格、交互方式的人群接受度进行了同步补充研究（图5.2-24～图5.2-26）。

图5.2-20　复古风格草图

图5.2-21　轻奢风格草图

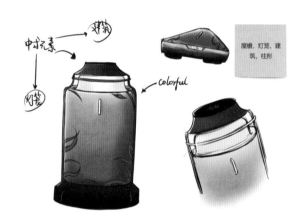

图5.2-22　古典风格草图

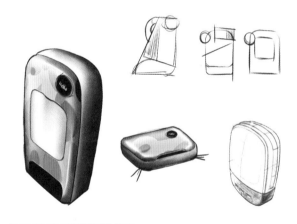

图5.2-23　波普风格草图

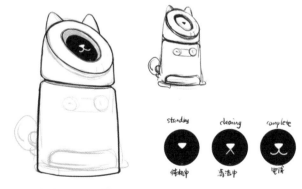

图5.2-24　定案草图

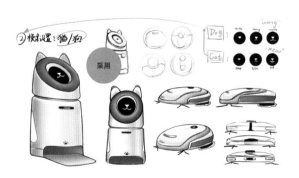

图5.2-25　定案草图细节深入

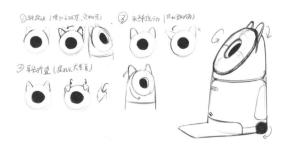

图5.2-26 产品硬界面交互方式

交互、声光交互、行为交互）的相关细节进行了初步优化（图5.2-27、图5.2-28）。

（5）成果展示

①产品爆炸图

通过对操作界面人机尺度的研究，利用爆炸图来阐释产品的组装程序和结构细节（图5.2-29）。

②使用场景图

利用使用场景图表示产品尺度与使用空间的关系，同时也体现了产品外观风格的亲和特点（图5.2-30～图5.2-32）。

③草图完善

设计者对产品界面交互方式（语音交互、表情

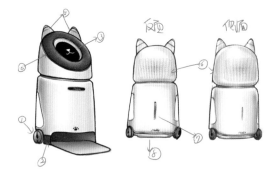

图5.2-27 产品界面交互方式研究（一）

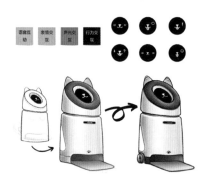

图5.2-28 产品界面交互方式研究（二）

图5.2-29 爆炸图

图5.2-30 使用场景图（一）

图5.2-31 使用场景图（二）

师更好地理解产品外观、结构和功能（图5.2-33～图5.2-35）。

④产品细节演示动画

演示动画可以更好地对交互性产品的使用细节进行说明（图5.2-36）。

⑤产品App交互界面设计与表达

采用低保真界面图设计App的界面原型图与交互图，进行信息分类，并分配各级界面内容与具体功能，对界面进行初步的排版，确定界面风格、布局、文字、按键等形式细节（图5.2-37）。

绘制高保真界面图，利用色彩搭配、图标、肌理等视觉属性来模拟真实用户界面的展示效果，使用户更好地理解和评估界面的设计和功能（图5.2-38）。

图5.2-32 使用场景图（三）

③实体模型

通过1:1实体模型来测试产品的可行性、可靠性和人机尺度的合理性，同时也帮助设计者和工程

图5.2-33 实体模型（一）　图5.2-34 实体模型（二）　图5.2-35 实体模型（三）　图5.2-36 演示动画

声音选择　　　登录页　　　注册页　　　　主页面　　　地板规划　　　3D模型　　　模式选择

    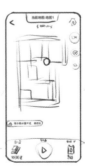  

二级页面　　　二级页面　　　二级页面

图5.2-37 产品App界面低保真图

App交互流程的动画演示使用户更好地理解界面的操作流程（图5.2-39）。

（6）总结

本课题在硬件设计层面，充分考虑到用户的操作习惯和心理需求特点，萌宠形态的外观造型与嵌入界面形式符合目标人群审美特点。尺度设计合理，方便用户收纳和移动。语音等智能交互模式的应用方便用户灵活操作。应用程序界面设计简单明了，图标与文字设计不仅易于理解，而且形式与硬界面风格呼应，满足了用户的个性化需求。总之，该项目在设计过程中，通过对人因问题的合理把握，从硬件到软件都致力于为用户提供更加舒适、便捷、个性化和富有情感的交互体验。

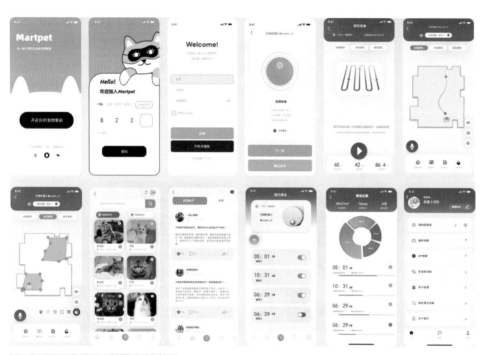

图5.2-38　产品App界面高保真图

图5.2-39　App交互流程的动画演示

复习题

1. 简述产品硬界面的交互设计原则。

2. 在产品的应用程序界面设计中，设计师应注意哪些问题？

思考分析题

1. 列举三个典型的医疗类App，从用户体验、功能性、信息传达的准确性以及界面的美观性等方面对比分析，尝试总结医疗类App界面设计的关键点。

2. 比较不同的地铁售票机界面设计，从理解性、操作的便利性和舒适性等角度分析其优缺点。

第6章
产品设计中的人因工程学

6.1 关怀产品设计中的人因工程学

6.1.1 关怀设计的概念

产品设计中体现的关怀设计属于设计伦理范畴，是设计历史发展到一定阶段的产物，也是人们重新审视自身的设计行为、设计观念，思考设计与人、社会与自然关系并对其负责的设计责任观。美国设计理论家维克多·巴巴纳克（Vicotr Papanek）在《为真实的世界设计》一书中最早提出了关怀设计的概念，其实质是强调设计的社会责任性，主要有以下三点内容：

①设计应该为广大人民服务，而不是只为少数富裕国家服务。在这里，设计应该为第三世界的人民服务。

②设计不但为健康人服务，同时还必须考虑为特殊人群服务。

③设计应该认真地考虑地球的有限资源使用问题，设计应该为保护我们居住的地球的有限资源服务。

国内设计家也从"惜物、环保、节约、节能、再用、善意、公义、保育"等专题角度来诠释并实践关怀设计的实质内容。由此，关怀设计是以"人文关怀"作为设计的核心理念，这集中体现在对人及一切生命本身的价值的尊重和重视。关怀设计对象不仅仅局限于"人"，同时也关注其他生命形式、社会氛围以及整体生态环境。

人因工程学中，关怀设计体现在产品设计中对人的心理、生理需求的关爱和尊重，更体现在对人精神追求层面最大的尊重。关怀产品设计旨在用产品设计帮助社会中的弱势群体、特殊群体，解决他们在生活中遇到的种种难题；旨在在解决产品的安全、结构、效能问题之外，探究情感的载体和表达方式，它是设计师对人类、生命乃至环境的思考的具体体现，它代表着一个设计师的社会责任感与人文思想。

6.1.2 关怀产品设计的原则

（1）包容性原则

关怀产品设计的包容性是指让产品使用尽可能满足更多的用户、特殊群体及一切生命，尽可能解决生活中的不同问题以及考虑环境问题。设计中需尽力考虑到各种用户需求，考虑用户的差异性，分析用户生活中使用产品习惯特征和心理感受，所设计产品应尽力满足多种特性需求和所处不同环境的特殊要求，由产品使用关怀到心理关怀。

（2）易用性原则

易用性强调产品设计开发要熟知各种用户群体的认知习惯，让产品顺应人的生活习惯而非改变其习惯，获得产品核心价值。关注人机交互关系，思考各用户群体对使用产品所产生的生理和心理要求，在保证产品使用安全前提下，结合用户诉求，将产品尽可能设计得人性化，尽可能简约化、便捷化、易懂易用。

（3）经济性原则

考虑产品设计中的环境属性、考虑材料资源，将产品进行功能整合、结构优化，综合衡量产品的功能特性、结构工艺和外观造型所形成的产品价值，实现产品的经济性。以广大用户所需的必要功能实现为主，减少或剔除多余功能设计，降低设计研发的投入，并且充分实现必要功能和延长产品使用寿命，达到技术与经济的最佳结合，提高产品价值力和生态意义。

6.1.3 关怀产品设计中的人因工程学

关怀产品设计要符合人因工程学生理、心理原则，考虑人、产品、环境三者之间的关系，主要体现在以下几方面：

（1）人的要素

①用户范围　关注人及其他一切生命的因素、环境因素，关注社会中弱势群体：残疾人、老人、妇女以及儿童。表达设计善意，体现设计的责任。设计考虑关注各种状态、各种情境、各种情绪下的人，关注人的行为与人的生活环境，予以充分的了解与尊重。

②关怀层面　关怀设计，不仅仅考虑满足用户心理感官层面的关爱需求，也要考虑精神层面的需求。设计中不仅仅要做到产品功能齐全，同时应该考虑在使用场景中，使用者能否获得尊重，使用者是否能够无障碍地使用它。如设计师充分考量对特殊群体的尊重，设计的盲人阅读仪，小巧轻便，可随手拿着在报纸上进行扫描、阅读和贮存，避免了盲人的心理障碍，使盲人也能与正常人一样读报，给予特殊使用者充分的尊重。这就呼吁设计师只有用心去关注一切事物，关注人，才能以饱含人道主义精神的设计去打动人。

（2）产品的要素

①产品感官　此层面对应产品的外形设计。从产品的形式要素出发，产品的外形、色彩、质感等是最为直接的刺激，会引起人视觉、听觉、触觉、味觉、嗅觉等难以抗拒的反应，也最易于被大众理解和接受。产品不仅仅色彩、风格上要更加时尚美观，造型尺寸、比例的把握，细节按键等大小、凸起高度、弧度等，材料的选择与搭配等方面要更加体现人因工程学要求，符合人的生理、心理需求，充分表达关怀。

②产品效能　此层面对应于产品设计的优劣、效率的高低，产品能效的实现，反映为设计用户和受众的综合心理体验。从产品的使用感受出发，界面是否易读易记、操作是否顺手，交互及反馈是否顺畅，使用过程中是否安全等。高效的产品会让人产生自信与成就感，会让人感觉安心、愉快，充分融入关爱，获得良好的使用感受。

③产品情感　以高科技、高信息技术为核心的各种智能产品，虽然很大程度上解放了人的脑力，但也同时导致高强度的脑力劳动和对物理世界失去控制的无力感。工作中过多的压力导致人们情绪低落、消极。某些情况下适当降低生活节奏、手工的、回归原始状态的一些产品和设计成为人们的新需要。这也是阿莱西"小鸟水壶"成为经典不衰的

设计的原因之一。很多人购买它只为了在早上体会到被小鸟的叫声或鸣笛声叫醒的感觉。在人因工程学设计中，赋予设计物"人化"的品格，使其具有情感、个性、情趣和生命，更多地追求和体验人与自然契合无间的一种人生境界和精神状态，关心人生、人事，重视内在精神境界，彰显关爱，已成为重要的设计考量。

（3）环境要素

人因工程学中，从探究情感的载体和表达形式出发，探究人、生命体和产品、环境之间直接的、间接的种种关联，从更广泛的角度、以新颖的感官经验来对人们所生活的世界产生新的认知，建立新的联系。所有的设计都要对人类、对社会、对环境有益，这就要求设计师有极强的社会责任意识、服务意识、奉献意识和协同意识。以牙膏管的设计为例，市面上的牙膏基本上都是塑料皮包装，在使用过程中，牙膏头部靠出口的位置经常有残留牙膏而造成浪费。看起来牙膏残留量虽然很小，但是全世界的量加起来会是个相当惊人的数字。从关怀设计的角度出发，对牙膏包装进行重新设计。全纸质包装，环保且便于回收，不污染环境；纸质包装，减少过去塑料口等难挤压而造成的小浪费；改变造型为上窄下宽的设计，节省空间，两管牙膏所占体积相当于旧款的一支，这样在运输过程中能更有效地节省成本。设计的目的不仅仅是为眼前的功能服务，设计更主要的意义在于设计本身具有参与社会体系的因素。设计师应以谨慎的态度去完成每一件作品，给后世留下积极的影响，这是每一个设计师的责任。

6.1.4 关怀设计案例分析："D-PARTNER"宠物便便清洁器设计案例解析

此产品为改善小区、庭院等环境中宠物粪便清理困难问题而设计。通过宠物粪便收集与处理，减少粪便污染，对环境卫生也有一定改善作用，从而体现设计者对生态环境的责任心与关怀。产品设计案例见图6.1-1。

（1）课题简介

宠物是人们生活中密切的伙伴，也是地球上值得尊敬的生命。伴随着城市、小区养宠物的人越来越多，宠物随处"方便"，带来了一定的负面影响，粪便清理便成为一个重要的问题。此产品是专门针对小区、花园、庭院等小范围卫生管理而设计的一款宠物便便收集器。通过产品设计方便清洁工作、减少粪便污染，将宠物粪便分解为肥料，回归大自然，体现了设计者对宠物及生态环境的关注与责任。

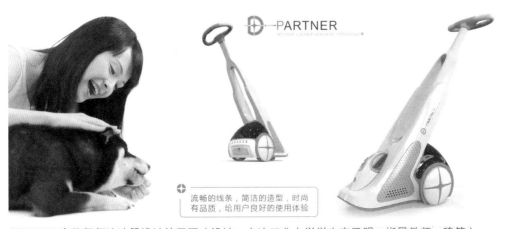

流畅的线条，简洁的造型，时尚有品质，给用户良好的使用体验

图6.1-1　宠物便便清洁器设计效果图（设计：大连工业大学学生李示明；指导教师：魏笑）

（2）设计调研

①宠物粪便清理难题　综观整个国际市场，目前解决宠物户外便溺污染环境问题有两个主要途径：一是使用宠物厕所，目前采用的厕所有堆砂换砂式的简易"公厕"（规定地点打围堆砂，引导宠物狗在此便溺，然后由饲养者用干净的砂石遮盖），此举我国在北京率先试行，但效果不佳，不仅耗费人力物力，且臭气难以消除，冲洗的水同样造成新的污染。第二种办法是强迫饲养者当场处理宠物排泄物，辅以高额罚款政策。澳大利亚及欧洲许多国家规定，遛狗者必须手持去污纸或拾粪器，狗排便后即时去除并扔进垃圾桶。但研究表明这两种方式都无法从根本上解决宠物粪便带来的健康安全和环境污染问题，而将宠物粪便纯手动采集转变为半自动采集，之后高温除菌烘干、分解，制成有使用价值的有机肥料，可以实现宠物粪便无害化处理，循环利用，变废为宝，与生态和谐互利、良性互动，对改善环境也具有较大的作用。

②典型用户反馈　典型用户对宠物便便器的看法，见图6.1-2。

③产品工作原理分析　真空泵抽吸原理：利用电动机带动叶片高速旋转，在密封的壳体内产生空气负压，吸取粪便及碎物。将宠物粪便利用高温除菌烘干，分解成碎屑，变成有机肥，变废为宝，符合当今社会对资源、环保、节能的要求。

（3）设计构思与定位

一款新型的清洁类产品，创新的功能布局，创造更加美好的行为方式。满足功能的前提下尝试更好的操作体验。注重产品、环境、用户的和谐统一，见图6.1-3，产品功能与结构定位见图6.1-4。

图6.1-2　典型用户分析图

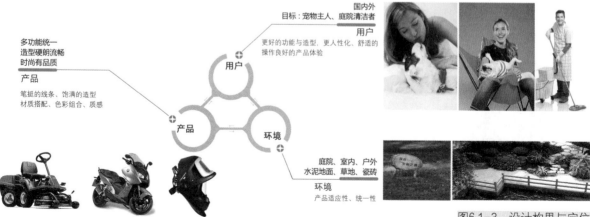

图6.1-3　设计构思与定位

改善费时费力的清洁工作
了解宠物健康状况
分解为肥料，爱护环境，卫生环保

由于使用环境的变化，设计也会有所不同，宠物不只是在小区庭院里大小便，还有散步时随时的大小便，所以在设计时就考虑了合理的模块化，很好地在庭院里、草地上清洁宠物便便的同时，还可以将产品的移动模块取下，在遛宠物时方便及时地清理便便

使用D-Partner清洁器不再像以前那样费时费力，也无需徒手拾取宠物的排泄物，只需轻松地操作D-Partner就可以干净卫生，方便快捷地处理宠物的便便

设计风格更贴近未来清洁类电子产品的风格，简洁大方，在实用的前提下设计更加美观，产品在外观上参考日式设计风格，极简却不失细节。在材质和尺寸及结构上结合生产工艺把图纸到模型的一系列过程诠释清楚。将产品设计整个过程系统化，使产品整体风格与环境搭配得更加和谐

01.全新的功能
全新产品，收集、分解、体检

02.合理模块化
子母机设计，满足遛狗与庭院双重需求

03.舒适人机 良好体验
舒适尺寸，良好操作，可调节把手，自动清洁，赏心色彩

04.时尚风格 可持续原则
符合趋势的造型，元素合理的搭配

图6.1-4 产品功能与结构定位

（4）设计草图

①草图一　对同类产品归纳分析，对产品形态探索研究，见图6.1-5。

②草图二　通过阶段草图推演产品造型风格，结合使用功能使产品外观形态呈现多样化，创新最大化，见图6.1-6。

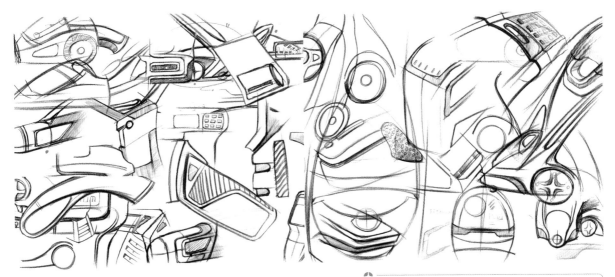

同类、趋势产品解析，产品属性研究

图6.1-5　草图一

③草图三　考虑产品使用需求，逐步细化草图，造型合理化，见图6.1-7。

④草图四　根据人因尺度推敲产品形态细节，推敲尺度与比例，见图6.1-8。

不同造型风格的深度，产品创新最大化

图6.1-6　草图二

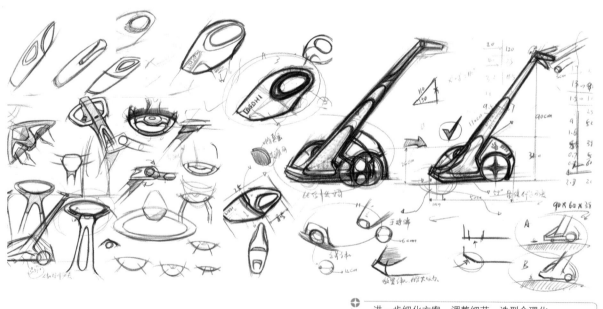

进一步细化方案，调整细节，造型合理化

图6.1-7　草图三

⑤草图五　在实际操作与使用体验中对产品尺度进一步验证与调整，见图6.1-9。

⑥草图六　通过对体块比例、尺度对比推敲，确定产品基本形态结构，通过草模对人机舒适度、扶手高度、弧度、角度具体数值等进行测试、验证，最后得到产品方案草图，见图6.1-10。

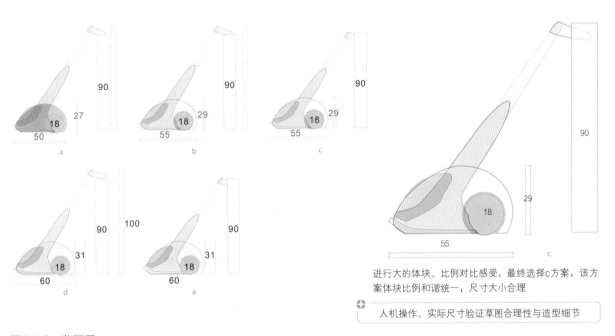

进行大的体块、比例对比感受，最终选择c方案，该方案体块比例和谐统一，尺寸大小合理

人机操作、实际尺寸验证草图合理性与造型细节

图6.1-8　草图四

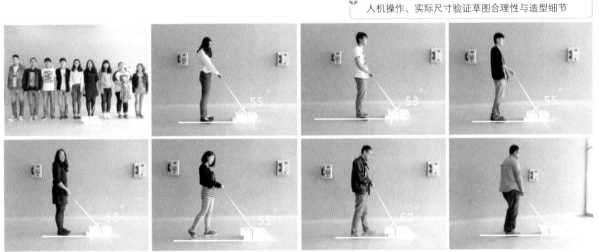

人机操作、实际尺寸验证草图合理性与造型细节

当操作杆长度一定（实际尺寸）时，让不同身高的模特以最舒适的状态操作，统计发现操作杆与地面的最佳角度在55°左右

图6.1-9　草图五

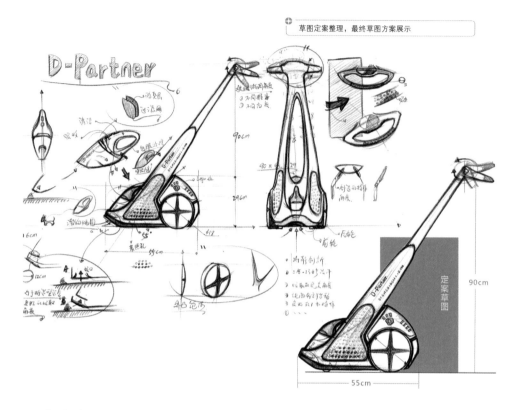

图6.1-10　草图六

（5）产品六视图和实物模型图

根据最终的方案草图绘制产品六视图（图6.1-11）和实物模型图（图6.1-12）。

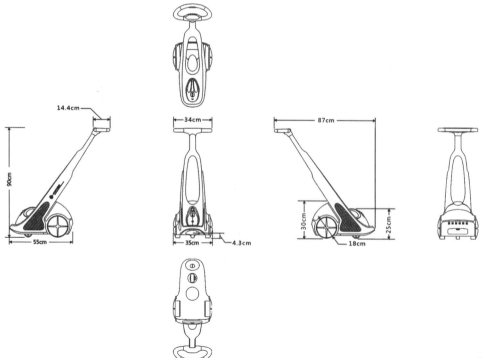

图6.1-11　产品六视图

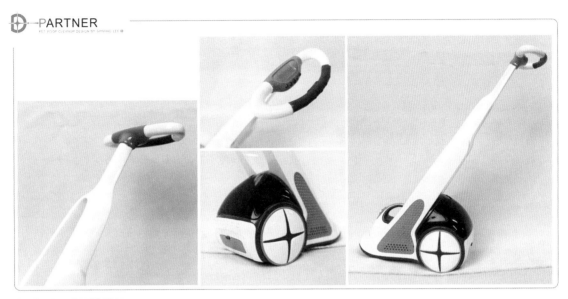

图6.1-12　实物模型图

（6）使用场景展示

产品充分考量人的行为与宠物的习性与生活环境，对一切生命予以充分了解与尊重，提高产品价值力和生态意义，体现关怀产品设计的包容性原则，见图6.1-13、图6.1-14。

（7）方案模块、细节展示

如图6.1-15所示，此清洁器主要功能部件分为两部分，主机和辅机分别满足不同的使用功能。主机满足工作人员对小区、庭院等环境中便便的收集、清洁需求；辅机为手持部分，与遛狗绳结合，满足宠物主人遛狗时随时清理需求，通过产品模块组合等结构要素，体现关怀产品设计中的易用性原则。

手持部分效果展示，如图6.1-16所示。

对产品各个操作部位、角度等细节逐一展示，如图6.1-17所示。

（8）工艺材质说明图

充分考虑关怀产品设计中的经济性原则，考虑设计中的环境要素，将产品功能整合、结构优化，综合衡量产品的功能特性、材料工艺（表面工艺）、结构和外观造型所形成的产品价值，见图6.1-18。

（9）关怀产品人因工程学设计分析

①产品形状与人因尺度分析　产品尺度与结构、功能模块比例大小充分基于人因工程学考量，运用草模对产品实际操作、使用舒适度，扶手高

图6.1-13　使用场景图（一）

图6.1-14　使用场景图（二）

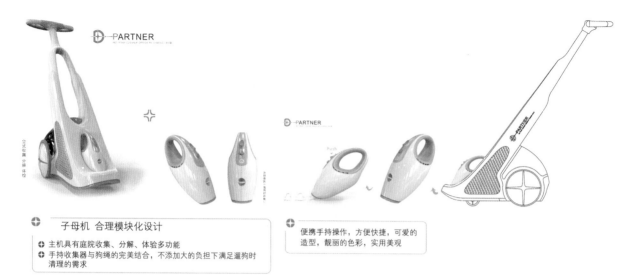

子母机 合理模块化设计

✚ 主机具有庭院收集、分解、体验多功能
✚ 手持收集器与狗绳的完美结合，不添加大的负担下满足遛狗时清理的需求

便携手持操作，方便快捷，可爱的造型，靓丽的色彩，实用美观

图6.1-15 模块细节图　　　　　　　图6.1-16 手持部分效果图

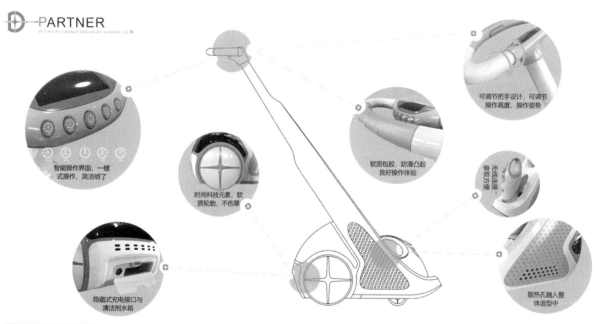

智能操作界面，一键式操作，简洁明了

时尚科技元素，软质轮胎，不伤草

隐藏式充电接口与清洁剂水箱

可调节把手设计，可调节操作高度、操作姿势

软质包胶，防滑凸起良好操作体验

无线连接拿取方便

散热孔融入整体造型中

图6.1-17 细节图

度、弧度、角度具体数值等进行测试、验证，步骤过程充分完整，符合使用者生理学特征。材料与工艺选择搭配合理，手持部位材质选择软胶，提供宜人舒适的使用感受。控制面板设置在把手上，不需要弯腰操作，更加直观便捷。通过产品形态方面的细节要素彰显关怀，见图6.1-19。

②产品效能和人因操作性分析　考虑到操作中不同用户操作高度、姿势等设置可调节把手，具有一定的翻折角度，丰富使用体验，满足用户个性化操作的需要。产品稳定性良好，重心在机器底部，静置状态时安全、稳定，使用状态中方便把握，操作省力，从人的要素层面充分彰显对使用者的关爱，见图6.1-20。

③触觉感受分析　产品手持手柄处软胶包裹，防

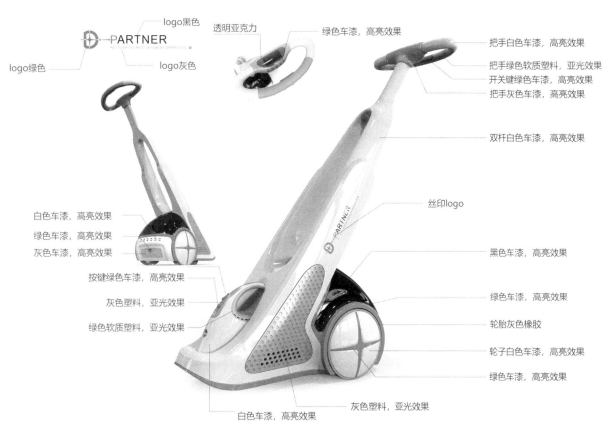

图6.1-18　工艺材质说明图

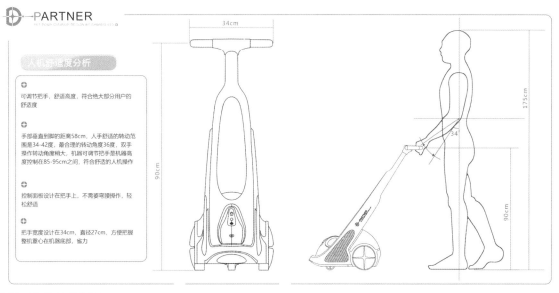

图6.1-19　人因分析图

滑，提供良好的触觉感受。色彩搭配亲近自然，视觉感受性良好，满足产品情感性的关怀需求，见图6.1-21。

④产品人因环境体系分析 产品便携，子母模块式设计既考虑到用于庭院、广场等大环境的清洁，又方便清洁者使用手持部分对宠物粪便收集。宠物便便清洁器收集粪便、分解粪便回归于自然的概念设定，既是对宠物的关爱，也是对环境的关注，达到人和自然和谐相处的目的。

⑤操作界面分析 操作界面简单明了，控制面板配合按键控制，信息提示直观明确，见图6.1-22。

（10）设计总结

便携的功能模块满足多场地使用要求，产品外观造型设计简练概括，各部件比例适中、结构稳定，造型细节考究，可调节尺度和角度，舒适、易操作，控制面板可操控性良好，处处可见关怀。可持续性环保理念，倡导更美好、文明的行为方式，使产品、用户、环境和谐统一。此类关爱产品设计的立足点在于让设计服务于生态环境，在设计活动中发扬人性的真、善、美，达到人、环境、资源的平衡和协同发展。

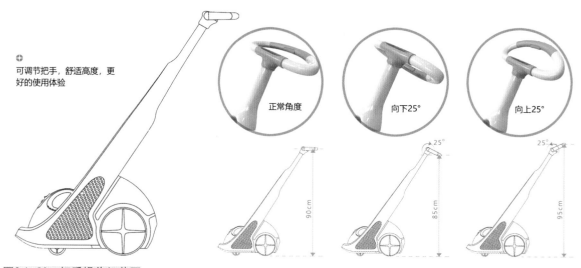

图6.1-20 把手操作细节图

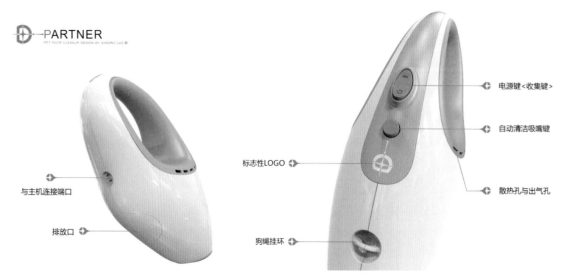

图6.1-21 手持手柄细节图

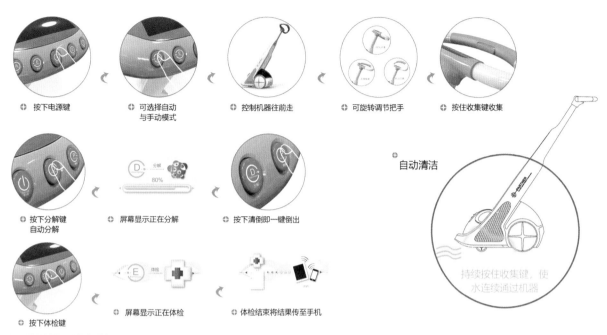

图6.1-22　界面操作图

6.2　可穿戴产品设计中的人因工程学

6.2.1　可穿戴产品的定义

　　可穿戴产品是指可以直接穿在身上，或是整合到用户的衣服、配件上的一种便携式设备。它们可以通过与智能手机或其他设备连接，实现各种功能，如通讯、娱乐、健康监测等。可穿戴产品的特点包括便携性、持续性和交互性。它们通常轻便、小巧，方便用户在各种场合下佩戴和使用。同时，可穿戴产品可以实时收集和分析用户的生理数据、运动数据等信息，为用户提供个性化的服务和建议。常见的可穿戴产品包括智能手表、健身追踪器、智能眼镜、智能耳机等。随着技术的不断进步，可穿戴产品的功能和应用场景也

在不断扩展，为人们的生活带来更多便利和创新体验。

6.2.2　可穿戴产品的分类

　　从用户需求的差异性角度来看，可穿戴产品可以分为以下几类：

（1）健康与运动追踪类

　　这类可穿戴设备主要关注用户的健康和运动状况。它们可以监测心率、步数、睡眠质量等生理指标，帮助用户更好地管理自己的健康。例如，健身追踪器可以记录运动数据，智能手表可以提醒用户按时服药。

（2）通讯与娱乐类

这类可穿戴设备主要满足用户的通讯和娱乐需求。它们可以提供通话、短信、社交媒体等通讯功能，以及音乐播放、游戏等娱乐功能。例如，智能耳机可以让用户在运动时听音乐，智能眼镜可以让用户在户外观看电影。

（3）工作与生产力类

这类可穿戴设备主要帮助用户提高工作效率和生产力。它们可以提供通知提醒、语音助手、文件查看等功能，让用户更方便地处理工作事务。例如，智能手表可以让用户在不方便拿出手机的情况下查看邮件，智能眼镜可以让用户在工作中实时获取信息。

（4）特定行业与专业类

这类可穿戴设备针对特定行业或专业领域的需求设计。它们可以为警察、消防员、医疗人员等提供特定功能，如实时数据传输、定位追踪等。例如，医疗可穿戴设备可以监测病人的生理指标，并实时反馈给医生。

（5）时尚与装饰类

这类可穿戴设备主要满足用户的时尚和装饰需求。它们注重设计和外观，可以作为一种时尚配饰，同时也可能具备一些基本的功能，如计时、计步等。例如，智能珠宝可以兼具装饰和健康监测的功能。

需要注意的是，很多可穿戴设备可能同时具备多种功能，满足不同用户的需求。同时，随着技术的发展和用户需求的变化，可穿戴产品的分类也可能会发生变化。

6.2.3 可穿戴产品的设计原则

在设计可穿戴产品时，设计师需要注意以下人因问题：

（1）可穿戴性与审美性

可穿戴产品通常是用户日常穿着的一部分，因此设计应充分考虑到用户佩戴时的使用心理，产品外观设计要与用户服装和风格相匹配，符合用户审美品位的设计可以大大增加产品的吸引力和用户的接受度。

（2）小型化与轻量化

可穿戴产品一般需要用户长时间佩戴使用，因此产品的小型化与轻量化是设计师不可忽视的问题。解决这一问题可以采用轻量化材料（如合金、碳纤维等）、功能集成化设计（模块组合）、结构优化（减少不必要的部件和结构）、高效的技术（无线技术、高能量密度电池技术、高对比度屏幕技术等）、可拆卸设计（可更换模块）等，以提高产品的便携性。

（3）舒适性与适应性

可穿戴产品应充分考虑到产品与人体的接触点。产品的形状应该与人体的曲线和轮廓相匹配，使产品舒适地贴合人体，不影响佩戴者的日常活动；产品材料要选择舒适、透气、耐用的材料，可减少对皮肤的刺激和不适感；产品佩戴方式应易于佩戴和取下，并提供适当的调节机制，以适应不同大小和形状的体型需要，确保佩戴舒适，不会造成不适或压迫感。符合人体舒适性与适应性的设计可以提高长时间佩戴的可行性。

（4）可靠性与耐用性

可穿戴产品可能会面临各种环境和使用情况，产品具备较强的可靠性和耐用性是非常重要的。提高产品的可靠性和耐用性，设计师首先可以选择高质量的材料和坚固的构造，如耐用金属、强化塑料、防水材料等增强产品对磨损、冲击、浸水等破坏的抵抗能力。同时进行充分的耐用性测试，包括机械强度测试、温度与湿度的循环测试、摔落测试等，验证产品在不同条件下的可靠性与耐用性。其次，优化设备的软件，通过充分的测试，确保软件系统在各种情况下的稳定性和可靠性，避免出现系统崩溃、死机或数据丢失等情况，确保产品的长期使用。

（5）实用性与友好性

可穿戴产品的实用性和友好性对于用户的接受度和使用体验至关重要。首先，产品应根据用户群体和使用场景的实际特点，提供满足用户需求的实用功能，如健康监测产品可以实时监测心率、步数等指标，避免产品功能设置与用户需求的错位。其次，应充分考虑界面与人机交互方式的友好性设计，使操作更加直观、便捷和自然。最后，提高产品的兼容性。可穿戴设备通常需要与其他设备或平台协作进行，如同步信息、接受通知和控制设备等，畅通的产品兼容性可以提升用户体验。

（6）数据的隐私与安全

可穿戴产品通常会收集很多用户的个人数据信息，数据隐私与安全也成为设计师需重点考虑的因素之一。防止数据泄露和滥用，可以采取数据加密技术（未经授权的数据无法解密与访问）、设备用户认证（身份验证后登陆设备或调取数据）、匿名化和脱敏（将个人身份与敏感数据分离）、安全更新与修复（产品制造商及时提供系统安全更新与修复服务）、用户知情权（用户会被告知并了解产品收集和使用数据的情况）等方式增强用户对产品的信任和信心。

6.2.4 可穿戴产品中的人因工程学

随着科技化进程的不断推进，可穿戴产品在智能设备市场中的占比逐年增加。通过与传感器和无线通信等技术的结合，可穿戴产品带来了良好的用户体验，使智能设备具备更加便携、实时、个性化、安全等优势，在健康、运动、医疗、通讯、娱乐等方面为用户提供了便利和高附加值。

以苹果公司的Apple Watch为例（图6.2-1），Apple Watch是苹果公司于2014年9月开始推出的一款智能手表，目前已推出五代。它是一款集健康、通讯、娱乐等多种功能于一体的智能手表，其设计中充分融入了产品的舒适性、易用性、可视性、交互性、情感化设计等人因要素，为用户提供了愉悦的交互体验。

①舒适度　Apple Watch采用轻量化设计，佩戴舒适，几乎可以忽略它的存在。它的表带材质多样，包括橡胶、皮革和不锈钢等，以满足不同层次用户的需求。

②易用性　通过简洁的界面和操作方式，Apple Watch用户可以轻松完成各种任务，如查看通知、控制音乐、追踪健身数据等。它支持触摸操作、语音控制和手势控制，使用户可以根据自己的喜好选择最方便的操作方式。

③可视性　Apple Watch的显示屏在不同的光线条件下都能提供清晰的信息，方便用户阅读。它还支持自定义表盘，用户可以根据自己的需求和喜好选择合适的表盘样式。

④交互性　Apple Watch与iPhone手机无缝连接，用户可以在两者之间快速切换和共享数据。它还支持第三方应用，为用户提供更多的功能和服务。

⑤情感化设计　Apple Watch的设计风格简约时尚，符合苹果一贯的设计语言。它的外观和材质给人一种高品质和精致的感觉，满足了用户对美观和时尚的需求。

总的来说，Apple Watch在人因设计方面表现出色，通过舒适、易用、可视和交互等方面的优化，为用户提供了良好的使用体验。

图6.2-1　Apple Watch

6.2.5 AED AR培训系统设计案例解析

该产品为特定行业与专业类可穿戴设备。主要用于帮助第一次操作AED（自动体外除颤器）施救的用户，他们在不了解操作流程或精神处于高度紧张状态下，无法快速确定准确的贴片位置而迟疑，或无法判断患者体征等可能影响抢救时间，利用可穿戴产品解决此类救援问题。

（1）课题简介

AED AR培训系统设计（图6.2-2）尝试将AR（增强现实）技术融入AED救援过程与日常救援培训中。一方面，通过图像识别等可视化的交互引导模式，利用AR眼镜的摄像头载体准确识别电击贴片位置，加强施救者的操作信心，使施救人员可以更快、更精准地进行操作，降低误操作的风险，提高施救的成功率。另一方面，在日常状态下，将本系统用于AED急救知识的培训，科普AED相关知识，提高大众对AED使用的认知度。

（2）课题背景

心搏骤停是一种非常危险的情况，据统计，我国平均每年大约有54万余人次发生过心搏骤停。如果不及时进行救治，患者的致死率将大大增高。AED作为心脏除颤的"救命神器"，可以使患者在最短的时间内得到救治，减少等待救援的时间。但在实际救援中往往会因为施救人员缺乏AED操作的基础知识，或未准确判断患者的生理体征而影响到操作效果，导致施救失败或延误。

（3）前期调研

采用用户访谈的方式，针对不同年龄、背景及特殊适用人群（听障人群）进行访谈。了解用户痛点，寻找设计机会点，建立用户画像，进行人物设定，并在此基础上，初步分析问题的解决途径和可能的技术条件（图6.2-3）。

利用用户旅程地图（图6.2-4）来研究用户与产品或服务过程中的各个阶段和关键点。

运用用户画像（图6.2-5）和用户声音聚类（图6.2-6）来深入了解目标用户对产品的需求与期待。

利用HMW（How Might We）（图6.2-7）分析用户对产品应用程序的需求痛点。

（4）设计定位

本项目需要设计一款具备"患者体征AR识别+语音或视觉引导操作模块+AED操作知识培训平台"系统性功能的产品。

（5）草图方案

①初期草图

通过初步的草图绘制（图6.2-8），设计者对产品需具备的软、硬件大体的形式，交互的逻辑建立初步的框架，采用智能眼镜+AED救援包+AED操作知识培训平台小程序（应用程序）设计来解决问题。

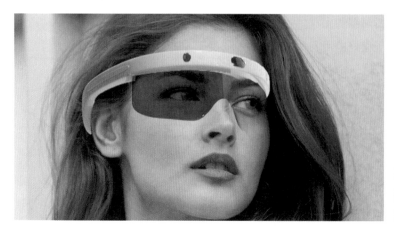

图6.2-2 AED AR培训系统设计效果图（设计：大连工业大学学生王小东；指导教师：刘正阳）

通过用户访谈对该谈的内容进行：

分析洞察

设计机会点探寻

用户画像人物定位

初步分析解决手段

AR技术辅助训练

Experiments "What we did"	Facts "What we found out"	Insights "What we learned"	Opportunities "How we could improve"
婷婷的用户访谈 21岁 女性 在校本科大学生	想通过讲座的方式学习CPR和AED的相关知识，经常因为报名人数多而错过这场线下培训。／实践型培训采用12人的小班型教学，常报不上名，培训的相关名额人数又是一百多个人的大型实践课，实践课不是太好使用。／大一的参加过一次大型讲座，但是真实自己上手实操，还是不太清楚的。／心里还是想学相关的急救知识，但是学校里的相关培训不太有限，需随时随地的想学故事。	婷婷的学习意愿强，经常被救知识所影响，没有参加机会，如果能参加培训还不会影响到的学会有效率提升。／小型的实践型讲座效果是很好上手实操，但培训人数少，如果大型培训的人数多，不是互动型实践性，是有完整没有掌握机器操作。／即使参加过讲座，再经过半年甚至更长时间也会忘记，从而导致没有自信操作AED。／培训人员，有借口，否则以后通过半时训练人员为进行相关知识培训。	若然不受时间和人数限制的影响，可以设立一个门诊培训通过App进行预约，进行培训。／对于此类的对实践的手要求很强的设备，一定要保证复习才能保证训练的有效，让教者更有信心进行施救。／此类培训只是远一次是远的，需要定时的设备更好地掌握操作。／可以通过AR的技术未来代替传统的培训人员，让随时随地的指导，并增加了趣味性，习得更好地掌握相关知识。
小北的用户访谈 23岁 男性 在校本科大学生 患有后天听力障碍	因为自身有身体上的障碍所以未能参与志愿活动帮助，其他通过帮助的人，参加过CPR的急救或AED的培训。／没参加AED培训是因为身体原因导致培训所的设备主要是语音提示未进行实操，听不到这些提示，只能靠其他方式来判断。	他也希望可以以更多听力或其他障碍的同学也可以顺利完成操作。／作为志愿者社团的一员也希望有更好的推广去教知识的渠道，和渠道，我们可以做什么。	目前的AED设备是否可以更加的"无障碍"设计。／市面上也有带屏幕的AED设备但很耗费的时间是否更长，用来更可视化的方式。／应该对这样的设备更加的障碍无化设计，考虑到视障和听障的用户，可利用可视化帮助障碍用户，手势辅助通过反馈辅助视障用户。	AR的可视性、图像辅助性很好，以起到更好的辅助培训作用。／可以基于环境，学校的环境，医院、活动室等基础环境作为训练场地。
刘慧的用户访谈 42岁 大学校医院培训老师 常年负责医学培训	定期通过培训讲座向在校学生普及其他的CPR及AED的急救知识，但来是学校最大学生对此掌握程度较低。／每次培训人数量较多个，不能每个人都能上手操作，之前通过显示大型培训分半生，放出手操作，放出培训的级别受校态。／自身通过培训过，来，几度消线下授课，取消线下CPR及AED培训讲座，这样有很多好了很多的主管原因。／校医院的医生，也希望更能培训的学生也很有限，这也是现存的主要原因。	培训人员，培训缺，时间地训后同地，合大规模的训，该如同如何，了解该培训训人员时间，缺少地训大部分的问题。／还是怎么可以高效培训让每一位学生都能会操作使用，人数的限制。／急救知识在教育的层面也很限受面影，在现定期教会学校的希望可以更好地掌握救急知识。／怎么可以摆脱疫情的影响，又可以进行线下培训。	培训人员时间短缺，取消课后随地训后的同时，该如何才能了解该培训训人员时间短缺的问题。／对这类急救设备要定要上手来操作。／摆脱疫情影响最大的聚集，若受众人数限制在五室的训练场人，也预约可来预约次，几间一培训室的人数会更加可观。	AR培训在一些领域已有很好的起到随训收果，且随到随地应用，随时随地有病时间及忍受不等及问题。／可以通过校园内网或其他途径来宣传普及率。

图6.2-3 通过用户访谈洞察产品机会

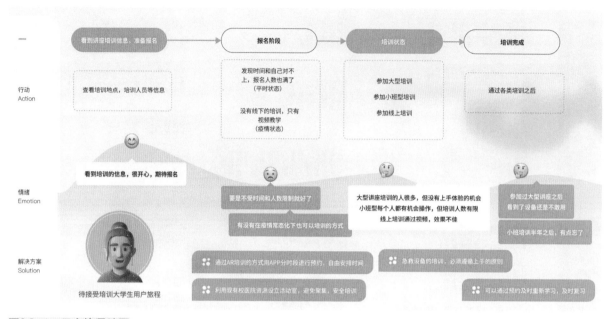

图6.2-4 用户旅程地图

图6.2-5 用户画像

图6.2-6 用户声音聚类

②定案草图

最终产品定案草图（图6.2-9）对产品硬件界面进行了规划。

（6）设计展示

根据草图绘制最终的产品硬件界面展示图、AR眼镜爆炸图和产品三视图（图6.2-10～图6.2-13）。

图6.2-7　HMW

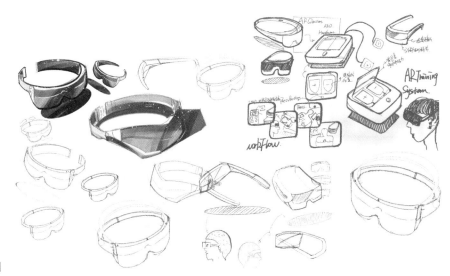

图6.2-8　初期草图

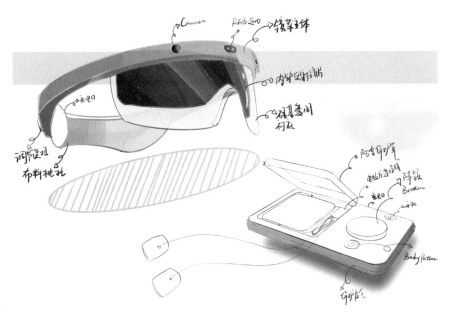

图6.2-9　定案草图

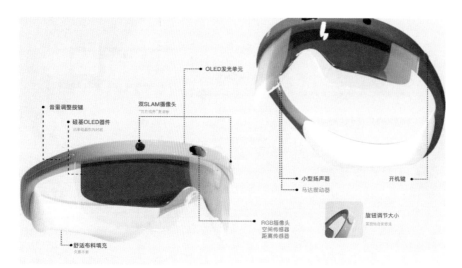

图6.2-10　AR眼镜界面展示

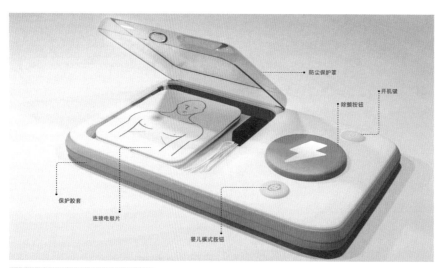

图6.2-11　AED主机界面展示

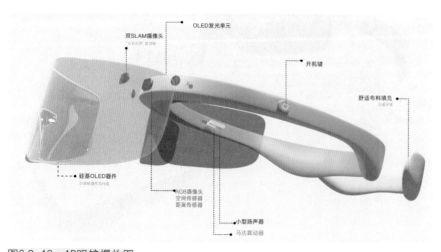

图6.2-12　AR眼镜爆炸图

（7）人因工程学分析

①可穿戴性和美观性

产品充分利用可穿戴产品体积小、轻便和易于佩戴等特点。在实施CPR紧急救援的情况下，可以适时地解放双手，轻松操作AED实施救援。方案整体风格简洁且富有科技感，界面色彩搭配协调，色相（橙色）带有一定的功能指向性，哑光质感使产品看起来更有品质。

②小型化和轻量化

方案采用功能集成化、结构优化与高效技术

（如硅基OLED屏、双SLAM摄像头等）等轻量化设计方法进行界面设计，以提高产品使用便捷性。

③实用性与友好性

a. 产品硬界面与嵌入界面设计　设计者对用户群体、使用场景、AED施救流程进行了大量的调研，在此基础上进行硬件信息架构的梳理，明确了利用AR智能眼镜辅助操作AED对患者实施CPR（心肺复苏术）的流程，归纳出各环节交互设计要点和需求信息（图6.2-14）。并进行交互组件与AR智能眼镜UI界面的设计（图6.2-15）。

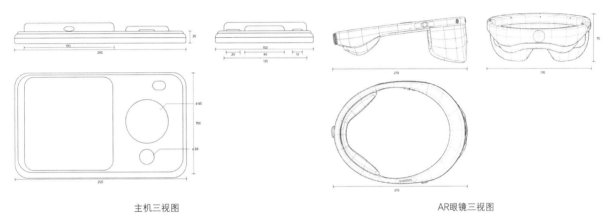

主机三视图　　　　　　　　　　　　　　　　　AR眼镜三视图

图6.2-13　产品三视图

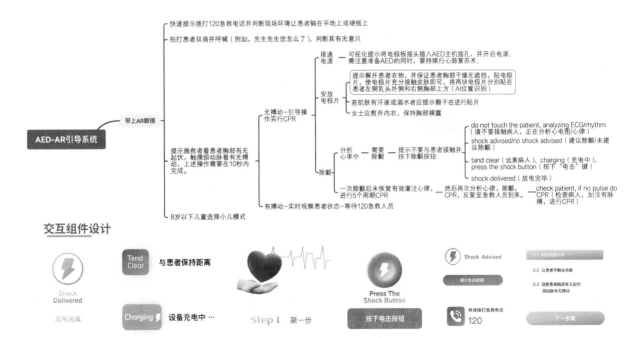

图6.2-14　AR信息架构与交互组件构想

产品硬界面整体思路严谨、逻辑清晰、界面操作流程简单明了，操作不复杂。嵌入界面设计布局合理清晰，层次分明，交互方式友好。

b. 产品应用程序设计　利用产品应用程序设计，提高AR眼镜与其他平台协作的兼容性，从而保证用户体验的完整性。通过产品应用程序服务蓝图绘制（图6.2-16），使设计者更好地梳理服务系统的运作方式，同时也会发现潜在的问题和改进的机会。

通过产品应用程序使用流程图（图6.2-17）

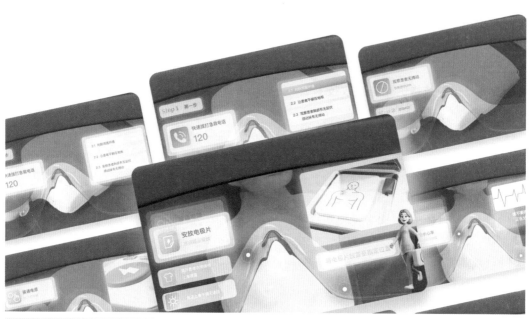

图6.2-15　AR眼镜UI界面设计

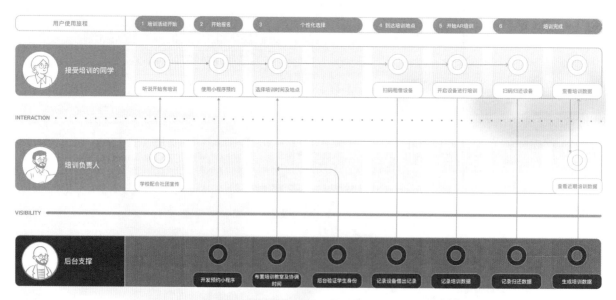

最大限度地减少前台交互行为的发生，通过智能化减少人力成本，避免聚集

图6.2-16　产品应用程序服务蓝图

明确了小程序与AR眼镜、救援包的交互关系。

　　利用产品小程序信息架构与低保真原型图（图6.2-18、图6.2-19）表述了小程序的功能内容和界面级别分布。

　　产品小程序高保真原型图（图6.2-20）界面色彩搭配和谐，字体选择合理美观，界面设计层次

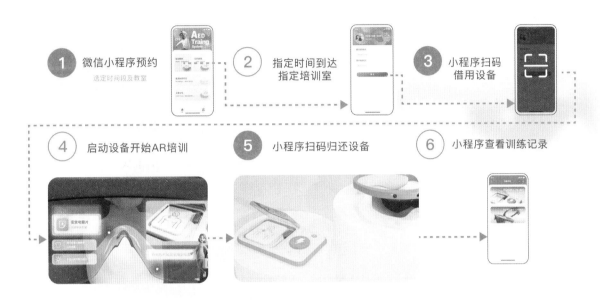

图6.2-17　产品应用程序使用流程图

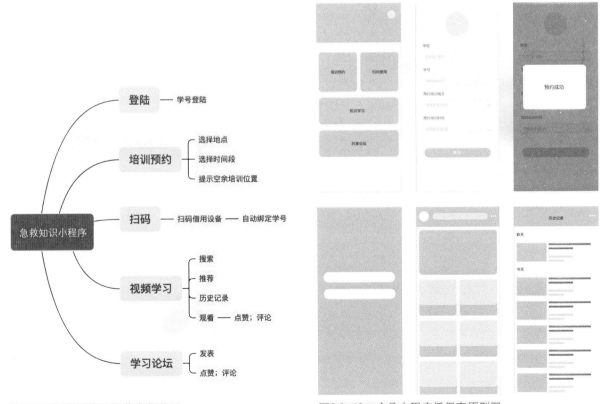

图6.2-18　产品小程序信息架构图

图6.2-19　产品小程序低保真原型图

分明，操作流程简单不复杂。

（8）设计总结

这套可穿戴产品的系统性设计，既包含了可穿戴产品的设计部分，同时又叠加了交互与服务设计的内容，可谓是一次"大手笔"的设计工程，任务量巨大。该设计运用了产品交互及可穿戴产品设计的相关方法和原则，对项目各个流程部分的把握恰如其分，能够紧密贴合用户需求与用户体验构建产品交互界面，为用户提供合理、安全、舒适的交互体验。

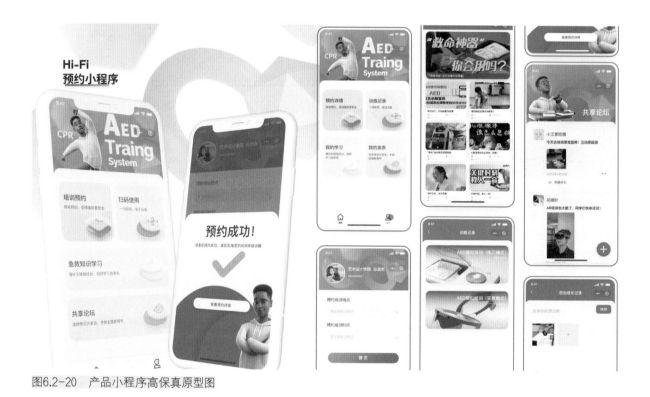

图6.2-20　产品小程序高保真原型图

6.3　娱乐产品设计中的人因工程学

6.3.1　娱乐产品的概念

娱乐产品是一个涵盖广泛、形式多样的概念，它不仅包括传统的玩具和游戏，还包括各种形式的娱乐产品和服务。娱乐产品的核心价值在于满足人们的情感和精神需求，提升用户的娱乐体验，并促进人际交往和互动。

6.3.2　娱乐产品的设计

娱乐产品的设计需要从多个维度考量，以确保产品能够吸引并满足用户的多样化需求。例如从生理特征、心理特征、社会特征三个角度来探讨娱乐产品的设计：

（1）生理特征角度

娱乐产品的设计应充分考虑用户的生理需求和特性，例如用户的身体结构和功能限制，确保产品（如游戏手柄、VR设备等）的舒适度、易用性和安全性。对于不同用户群体，根据其对声音、颜色、图形等方面的喜好进行有针对性的设计，可以提升用户的视觉、听觉体验。同时，符合人因工程学的产品交互方式设计，可以使用户能够轻松、自然地与产品进行互动。

（2）心理特征角度

用户的心理特征在娱乐产品设计中也起着重要作用，娱乐产品能触动用户的情感，引发用户的共鸣和情感投入。这一特征在用户的认知心理和消费心理中起着重要的作用。在认知心理方面，设计应考虑用户的学习能力、思维方式和信息处理方式，通过吸引用户注意力、挖掘记忆，使用户与娱乐产品产生情感共鸣，以创造出易于理解和使用，具有归属感、认同感的产品；在消费心理方面，用户通常倾向于追求愉悦、舒适和安全感，因此产品的功能和外观设计等需要符合用户的期望和需求。

（3）社会特征角度

娱乐产品的设计还需要考虑用户的社会特征，如社会角色、地位和社交互动性等。产品的设计应符合用户的社会角色和地位，增强其社会认同感。同时，产品设计还应考虑用户的社交需求，提供相应的社交功能，减少用户在使用产品时的孤立感和排斥感。例如，在线多人游戏、社交媒体集成的娱乐应用等都能增强用户的社交体验。

6.3.3 娱乐产品设计中的人因工程学

将人因工程学的理论和方法应用于娱乐产品的设计、评价和优化的专业领域，可以显著提升产品的多个方面，从而为用户带来更加优质、舒适和高效的娱乐体验。以任天堂Switch为例，任天堂Switch是一款可以在电视模式、桌面模式和掌上模式之间切换的游戏机，在设计中融入了人体测量学、认知心理学、社会心理学等方面的知识。

在生理尺度方面，任天堂Switch Pro手柄尺寸长106mm，宽152mm，厚60mm，重246g。这种设计使得手柄能够适应大多数用户的手部尺寸，为用户提供舒适的握感。另外，任天堂Switch的手柄设计结合了HD震动和IR摄像头技术，保证了用户的操作舒适度。

在认知心理学方面，任天堂Switch在设计上重视用户体验和交互性。一方面，通过创新的体感功能和Joy-Con控制器（图6.3-1），游戏机为用户提供了丰富的感官体验，增强了用户的参与感和沉浸感，增加了游戏的吸引力。另一方面，任天堂Switch考虑用户的认知需求，在很多游戏的设计上强调了探索和解决问题的元素，如对玩家记忆力、注意力和问题解决能力有一定要求的"塞

图6.3-1　Switch与Joy-Con控制器

尔达传说"和"马里奥"系列游戏,为用户提供了富有挑战性的认知体验。同时,任天堂Switch的游戏设计理念也注重减轻用户的认知负担。游戏通常不会通过道具、属性、成败等因素给用户带来压力,让用户在游戏中感到放松。这种设计有助于玩家更好地享受游戏,减少不必要的压力和焦虑。

在社会心理学方面,任天堂Switch的游戏设计考虑了社会心理因素。任天堂Switch能够满足不同年龄段玩家的需求,这种设计理念有助于减轻玩家的社会压力,让他们更专注于享受游戏的过程。此外,任天堂Switch的体感游戏为玩家提供了一种全新的社交方式。这些游戏不仅是一种娱乐方式,还能促进玩家之间的交流与互动。例如,有氧拳击和Just Dance等游戏,不仅记录了玩家的进步,还为他们提供了一个展示自我、与他人分享的平台。

6.3.4 乐优儿童陪伴产品设计案例解析

（1）课题简介

乐优儿童陪伴产品设计旨在开发一款能够满足3～12岁儿童以及年轻家长需求的智能陪伴玩具（图6.3-2）。该产品设计的核心在于提供互动体验和舒适性,通过结合人工智能（AI）技术,使产品具有亲和力,能够多样化和有活力地与孩子互动。产品功能包括：通过摄像头、音响和麦克风实现的唤醒功能；通过App提供教学和游戏素材实现的学习功能；通过互动手柄（精灵羽翼）进行交流的互动功能。此外,产品还设计了无线充电座以增加方便性,并通过硅胶和ABS材料的结合,提供耐摔性和舒适的拥抱触感,增加产品的亲和力。

（2）课题背景

在现代社会,由于工作压力和生活节奏的加

图6.3-2　乐优儿童陪伴产品设计效果图（设计：大连工业大学学生王琨玲；指导教师：李立）

快,许多父母没有充足的时间和精力陪伴孩子,尤其是对学龄前儿童的陪伴。这种陪伴的缺失可能导致孩子在情感、认知和社交方面的发展受到影响。随着人工智能和物联网技术的快速发展,儿童陪伴产品能够实现更自然的人机交互,提供更丰富的功能和服务,如教育内容、安全监控和情感交流等,满足孩子的情感需求。

（3）前期调研

①智能陪伴机器人

儿童智能陪伴机器人是传统机器人的细分升级产品,通过教育辅导、人机互动以及安全监测等,陪伴儿童学习、娱乐。随着互联网、大数据、人工智能等技术的快速发展,儿童智能硬件设备在近几年出现了翻天覆地的变化,从最初的语音点读机、家教机发展至现在利用AI技术的智能陪伴机器人,儿童智能设备正在从单一服务模式向综合多功能服务模式发展。

②现有产品分析

近些年来,儿童智能陪伴产品的市场规模大幅增长,儿童的需求在发生变化,智能化和个性化的产品更受青睐,能提供更多知识、乐趣和社交互动（图6.3-3）。这种需求转变直接推动了相应市场的快速发展,大量富有创意和能提供优质体验的儿童智能陪伴产品涌现,满足了不同年龄段和兴趣爱好的儿童用户的需求。这些产品通过提供丰富的功能和贴心的设计,赢得了广大儿童的喜爱和家长的信任。政府和社会对儿童教育和培养的重视程度不断提高，为儿童智能陪伴产品的发展提供了有力的政策支持和推广机遇。

③用户定位及需求分析

用户群体以3~7岁的儿童为主，以及需要辅助儿童使用的年轻家长。儿童在生活中会遇到一些问题，例如：分离焦虑——3~7岁的孩子可能会有分离焦虑，他们离开父母去上幼儿园或与其他人交往时会感到不安；学习挫折——3~7岁的孩子正在学习和成长，可能会遇到一些挫折和困难，他们需要家长的支持和鼓励；社交问题——3~7岁的孩子可能会遇到社交问题，如不喜欢和其他孩子一起玩，或者不善于表达自己的情感。分析见图6.3-4~图6.3-6。

（4）设计定位

在功能上，通过结合AI等技术，增强互动的多样性和活力，使产品更具有亲和力；在材料选择上，采用硅胶和ABS材料，以确保产品具有良好的耐摔性，同时提供更好的拥抱触感；在造型风格上，保持产品的可爱形象和亲和力，以吸引目标受众并满足其审美需求。

（5）头脑风暴及设计草图

围绕人、产品、环境，运用头脑风暴的方法，展开课题思考，见图6.3-7。

■ 销售额 （亿元）

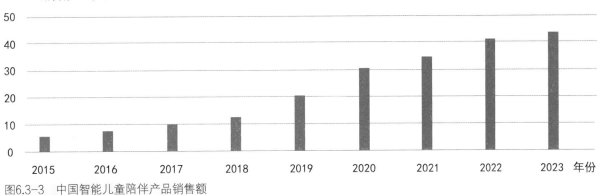

图6.3-3　中国智能儿童陪伴产品销售额

情景（或问题）	解决问题	功能（或结构）
因为临时有事情不得不将孩子短时间（一两个小时左右）独自留在家中的情况	早晨：可以通过App给孩子留言，这样可减少孩子短时无人陪伴的慌张感 其他时间段：家长可设置选择一些故事给孩子听，也可以用谜语游戏和故事吸引孩子注意力	方便抓握：硅胶材质方便孩子拿取 情感寄托：不同环境给予孩子陪伴 耐摔：防止儿童将产品轻易损坏
家长一方出差不能陪伴在孩子身边时	由于上班作息或时差不能与孩子语音通话，可以录制一些故事作品或者语音消息上传自家Leyo系统，由Leyo代为传达给孩子，即使出差在外也能让孩子感觉没有被父母忽视，增加了家长与孩子的互动	语音交流：方便父母与孩子通话 舒适：质软亲肤，拥抱更舒适
儿童生病，父母一方需要上班，或者有看护人陪伴但父母都不在身边时	家长可通过Leyo嘱咐孩子，看孩子的状态，可选择一些有安抚作用的声音或故事播放给孩子听，让孩子多加休息。	舒适：质软亲肤，拥抱更舒适

图6.3-4　情景分析图

图6.3-5 故事版绘制图

池滨和陈橙

上班族
新一代年轻父母，
对新科技很感兴趣；
初为人父人母；
希望参与孩子的成
长过程

痛点：工作很忙，
没有时间陪伴孩子

袁金宝和李媛

老年人
喜爱孩子；
有较为稳定收入；
拥有与孩子陪伴
的时间

痛点：教育方式
与话题时常跟不
上孩子

袁启启

9岁

小学三年级；
对可爱的玩具很感兴趣；
喜欢玩手机；
希望能得到陪伴；
喜欢听故事。

痛点：
家长没有时间陪自己

图6.3-6 用户画像信息图

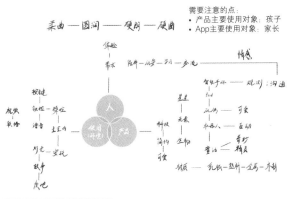

需要注意的点:
· 产品主要使用对象: 孩子
· App主要使用对象: 家长

图6.3-7 头脑风暴图

a. 草图一 儿童对天空有着无限好奇与喜爱。天空中最耀眼的点缀之一星星,是儿童心中的精灵。运用星星元素,将灯光功能与其他功能置于一体;功能按键作磨砂处理,具有凹凸感,形成良好的手感反馈,如图6.3-8所示。

b. 草图二 结合可爱的毛熊形象;将陪伴夜灯功能与主体分离;设置麦克风、音响与摄像头功能;外部采用硅胶材质,结合外形更加有亲和感,如图6.3-9所示。

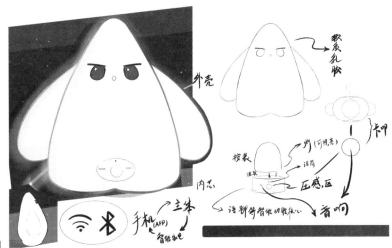

图6.3-8 草图一:仿星星形象图

图6.3-9 草图二:毛熊形象图

c. 草图三　结合了鹿的形象进行设计创作，利用四肢与尾巴稳定摆放；采用硅胶和ABS材料，设置麦克风、音响与摄像头功能，方便交互，如图6.3-10所示。

d. 草图四　章鱼形象与"外星生物"形象相结合，更加天马行空；"身体"结合"手部"使得主体摆放更加稳定；小夜灯内凹，放置在主体"头部"，面部设计为屏幕，增加交互，如图6.3-11所示。

e. 草图五　采用"精灵"元素，精灵更靠近孩子的精神世界，富有童话感，会赶走孩子的不安，给予孩子陪伴并给孩子带来快乐与力量，如图6.3-12所示。

图6.3-10　草图三：仿生鹿形象图

图6.3-11　草图四：仿生章鱼图

图6.3-12　草图五：精灵造型图

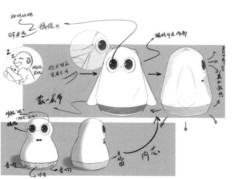

* 采用"精灵"的元素，因为"精灵"更靠近孩子的精神世界，富有童话感赶走孩子的不安，给予孩子陪伴并带来快乐余力量。

（6）设计展示

①设计说明 产品形象灵感来源于童话中的精灵与他们的伙伴，旨在为孩子创造一个充满想象力和奇幻的世界。在颜色选择上，以浅色和明亮的色调为主，营造温馨、愉快的氛围，减少对孩子情绪的影响。考虑到孩子们正处于探索阶段，产品选用ABS和硅胶材料，避免意外碰撞损伤。在造型设计上，结合了"精灵"的元素和产品的功能需求，使产品既具有趣味性又实用。同时，通过童话中精灵的形象，给予他们陪伴与力量，让他们在成长的道路上更加勇敢和自信。

②游戏互动设计技术说明 精灵羽翼（Leyo互动手柄）与Leyo互动原理是通过无线信号进行通信。精灵羽翼（手柄）上装有加速度计、陀螺仪、传感器设备，可以实时检测手柄的姿态、动作信息，并将其发送到Leyo主机中，由主机进行数据处理。通过Leyo主体所采用的蓝牙技术，使得手柄和主机之间的通信更加稳定和快速。连接之后主机进行语音提示。

③游戏玩法说明 在家中，孩子通过精灵伙伴开启探索游戏。将精灵羽翼从充电座上拔下来握在手中或绑在身上（如手中、手腕或脚腕处），孩子可以通过游戏的方式进行学习闯关。例如，在游戏中穿插知识学习，孩子通过游戏进行学习或运动锻炼，通过主体的摄像头或者精灵羽翼（手柄）的感应传达进行游戏，Leyo主体还负责情景触发时的旁白讲述和提醒引导，让孩子进行剧情探险，见图6.3-13。

④App设计图 App设计具有以下功能：为家长提供亲子互动功能；提供家长之间交流的平台；提供旗下品牌其他产品推荐，或新增技术功能服务等。例如，通过设置将孩子的聊天框投放到手机桌面，使得家长能在第一时间看到孩子的动态。App设计如图6.3-14、图6.3-15所示。

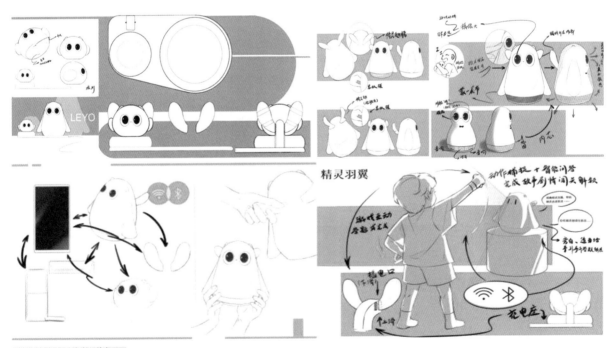

图6.3-13 功能讲解图

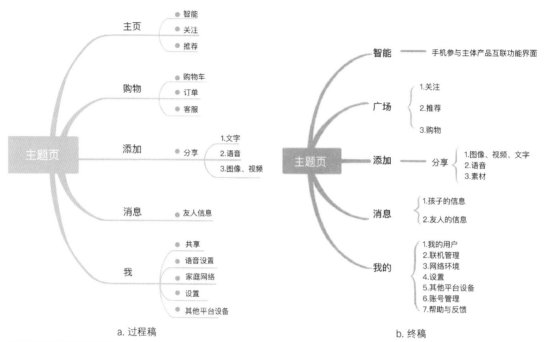

a. 过程稿

b. 终稿

图6.3-14 App思维导图

图6.3-15 App高保真图

⑤产品尺寸图　见图6.3-16。　　　　　　⑥产品爆炸图　见图6.3-17。

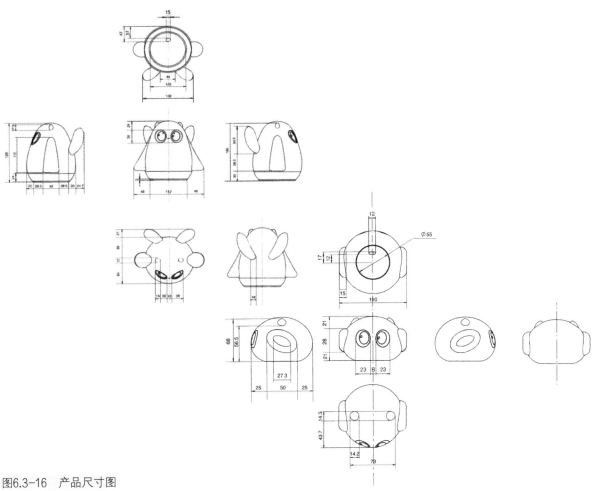

图6.3-16　产品尺寸图

图6.3-17　产品爆炸图

（7）人因工程学分析

①生理角度分析 乐优儿童陪伴产品设计着重考虑了儿童的身体特征和成长需求。产品的尺寸和比例比较符合儿童的生理特点。部件的大小适应儿童手部尺寸，更便于他们抓握和操作。产品的结构符合儿童的身体特性，如握力、手指灵活性和手臂长度，确保了舒适性和安全性。考虑到儿童成长速度快，产品也具备一定程度的可调节性，以适应不同年龄段儿童的需求，如图6.3-18所示。

在稳定性与支撑性方面，产品的底部设计得较为宽大，可以防止翻倒或滑动，增强稳定性，降低意外伤害的风险。材料选择上，产品选择了对皮肤友好的材料，避免使用可能引起过敏或刺激性的材质。安全性是设计的重中之重，因此，产品边缘设计得相对圆滑，避免尖锐部分可能对儿童造成伤害。同时，所有可拆卸部件也确保儿童无法轻易拆卸，以防止儿童吞咽小部件的风险，如图6.3-19所示。

②心理角度分析 乐优儿童陪伴产品设计充分考虑了儿童的身心发展特点。首先，产品针对不同年龄段的儿童提供相适应的挑战和学习内容。这有助于促进儿童的认知发展，激发他们的好奇心和探索欲望。其次，通过有趣的视觉和听觉元素，产品设计能够吸引儿童的注意力，并激发他们的学习兴趣。最后，利用重复和变化的元素来增强记忆，帮助儿童更好地掌握新知识。产品通过正面反馈和奖励机制，激发儿童的积极行为和探索精神，促进他们形成健康的情感和动机。乐优儿童陪伴产品还注重培养儿童的社会互动能力。通过模拟社交场景，如角色扮演游戏，产品为儿童提供了练习社交技巧和情感表达的机会。产品设计也鼓励儿童的自我表达，有利于自尊心的培养。通过个性化设置和成就系统，产品让儿童感受到自己的成长与进步，从而增强他们的自尊心和自信心。

从App开发和使用的角度来看，用户界面设计

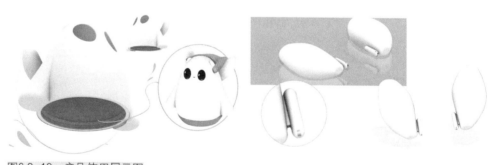

图6.3-18 产品使用展示图

图6.3-19 产品稳定性展示图

简洁直观，采用吸引儿童的色彩、图标和布局，确保信息的清晰传达。用户体验方面，App提供流畅的操作体验，包括快速响应、易用的导航和直观的操作方式等。家长可以监控孩子与产品的互动，并设置教育内容和安全参数。内容个性化方面，App允许家长根据孩子的兴趣和学习进度定制教育内容，以提高教育效果和儿童的参与度。社交功能方面，App可以提供家长间的交流平台，分享育儿经验和产品使用心得，增强产品的社交价值。此外，App提供用户反馈机制，以便开发团队了解用户需求，不断优化产品功能和用户体验，如图6.3-20所示。

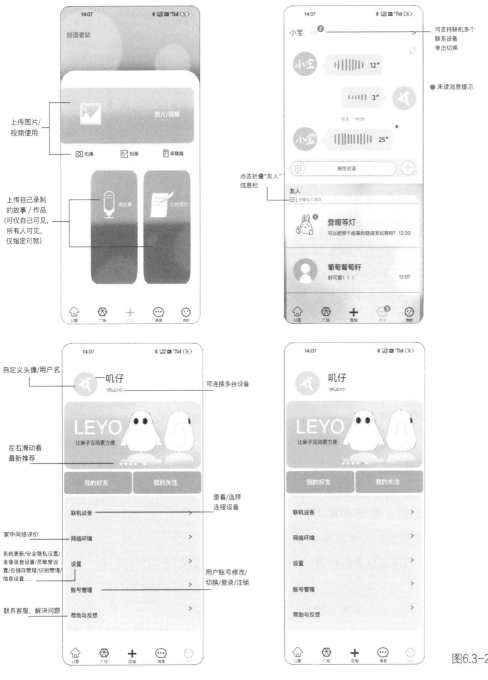

图6.3-20　App高保真展示图

（8）设计总结

乐优儿童陪伴产品设计在人因工程学方面注重儿童的生理和心理需求，通过创新的交互方式、安全的材料选择、舒适的触感设计，以及结合娱乐和教育功能，为儿童提供了一个既有趣又有益的陪伴伙伴。同时，产品的亲子互动功能和可定制性也满足了家长参与孩子成长过程的需求。

6.4 概念产品设计中的人因工程学

6.4.1 概念产品

概念产品并非现实中批量生产的产品，概念产品具有一定超前性，是设计师在预见能力范围内探索人们的潜在需求和未来使用的产品。概念产品外观造型往往比较前卫，所采用的技术或材料比市场上现有的同类产品先进很多，而概念产品的核心则是功能。概念产品是以人的某种需求为出发点，综合考虑人的生理和心理特点而提出的适合于未来生活方式的综合性产品解决方案。

产品概念设计是由分析用户需求到生成概念产品的一系列有序的、有目标的设计活动，"概念"的提取与表达是一个由模糊到清晰、由抽象到具体的不断细化的过程。产品概念设计具有以下特征：

①创新性　创新是概念设计的核心，概念设计的目标是通过创造性的产品创新满足人们未来的某种需求。

②多样性　针对同一个"概念"，最终的解决方案和产品的呈现形式可能存在很多种设计结果，这是由设计的出发点、解决问题的角度以及设计师的表达等因素决定的。

③前瞻性　概念设计是在时代的前沿探索各种设计的可能，设计出来的产品很可能是颠覆性的，也可能是通往未来世界的一把钥匙。

④科技性　科学技术在概念设计中有着举足轻重的作用，概念产品往往超越现有技术，还在某种意义上预示着技术的发展方向。

⑤实验性　概念设计的整个过程都处于实验阶段，设计结果能否得到人们的认可都是未知的，但正是这样不断地尝试才能使产品一点一点贴近于美好生活的需求。

概念产品可以分为三大类，分别是未来型产品、主题型产品和技术应用型产品。未来型产品概念设计是设计师针对人们的潜在需求，对未来可能需要的产品的一种预测，是对未来生活方式的超前预判。主题型产品概念设计是设计师以某一主题概念为主导而展开的设计，侧重于从情感方面引导人们对现实生活进行思考，如人文关怀、生态的良性发展等。技术应用型产品概念设计是设计师探索将现阶段科技新成果有效应用于概念产品之中，创造全新的使用体验，如新材料的应用、新能源的应用等。

6.4.2 概念产品的设计

（1）概念提出

概念设计的起点是发现需求，包括显性需求和隐性需求。显性需求是外在的、显而易见的、可以通过用户反馈等调研方法得到的需求；隐性需求则是设计师通过头脑风暴等创新方法发现的需求。设计师对需求进行分析和归纳得出设计方向和定位，形成初步的设计概念。

（2）功能设计

概念产品要实现的功能目标需要进一步细化和拆分，明确主要功能有哪些，次要功能有哪些，这个过程就是功能设计，是对使用需求的功能化设定。

（3）技术原理

实现概念产品的各项功能需要有相关技术的支持，一般通过网络调研、专利查询等方式获得相关技术的原理和发展状况，进而在概念产品中进行衍生应用，给产品的未来实现提供技术支持。

（4）造型设计

概念产品的造型一般要给人较强的未来感，设计师选择合适的语意来源，通过具体的形态设计、色彩设计和材质设计，直接作用于人的感官，引起人的某种心理感受，进而更好地表达出概念产品的设计理念。另外，概念产品的造型也必须考虑到人的操作、使用环境、功能的实现等可能存在的人机问题。

（5）设计评价

针对产品的目标群体选择足够多的调查样本，采用面对面交流、专家访谈、网络问卷等调研方式，收集人们对概念产品的感兴趣程度和反馈意见，进而修正设计方案。概念产品人机数据方面的评价可以通过制作实物模型、进行实际操作实验等方式来获得。

6.4.3 概念产品设计中的人因工程学

21世纪以来，伴随着第四次工业革命的爆发，信息化和智能化高度融合，以人工智能、机器人、生物信息以及数据科学等为代表的新科技迅速发展，为概念产品提供了丰富的设计方向和技术可能

性。概念产品中的人因工程学在"人、机、环境"的交互关系方面也有了新的内涵。

概念产品属于"人、机、环境"系统中的"机"，具有某些人因方面的智能属性。例如：产品具备某些人类的生物学特征，可以感知、学习、思考、自适应及决策，在给人带来便利的同时，更能进一步使人与系统中的"人"深度融合；识别人的意图和情感，根据人的意图或行为反应做出精准决策，达到人机自然、安全、高效、无障碍交流。同时，概念产品的智能属性还表现在"机-机"交流与协作，即相互关联的产品能够互相理解意图，实现共融。

概念产品与人之间的交互包括人作业时的姿势、人体功能尺寸与产品界面各要素之间的尺度关系等内容，强调使用的合理性和舒适性；也包括智能产品对人的理解程度、反应速度和决策能力等，强调使用过程中人的心理感受，使交互更加自然。

现有产品大多处于相对单一的环境中，而概念产品与环境之间的关系则充满各种可能性和可变性，因此，概念产品往往具有可感知、理解和快速响应未知环境的能力，如对所处环境信息的智能监测、信息获取、特征识别、响应决策等，面对复杂动态环境可自主规划运行模式，保持正常运行。

以海尔智能家电为例，其将科技真正融入了日常生活中，带给人切实的便捷。比如智能空调能自动配合场景来使用，自动检测空气质量，判断是否需要同步新风功能；能够根据空调的使用者年龄和身体状态，输出不同温度和不同角度的风，让人感觉舒服而没有风感；自动检测、通知及时清理空调滤芯，并提供清洗服务链接等。再比如海尔洗衣机通过首创洗护知识图谱及模式自适应技术，创新多支路场景引擎技术及启发式交互技术，实现一句话洗衣，并具备在线自学能力，用户无需手动操控，只需说出洗衣需求就能启动洗护程序，解放双手。

6.4.4 "盾构者"载具玩具设计案例解析

（1）课题简介

课题是一款以绿色能源开发为主题的概念产品，主要用于全地形的能源运输，设计以模块化的解决方案应对不同环境对载具的差异化需求，并在载具的功能、结构和造型等方面注重人因因素的细节设计。

（2）设计背景

以随着时代发展而来的化石能源过度开采以及绿色新能源开发为背景，通过对荒漠、极地等非人口、工业密集区的绿色新能源的开采利用，体现可持续发展的价值理念。设计定位于未来科技发达时期，人类为应对过度开发导致的气候变化开拓新的能源格局，联手制定"磐橘沧辰计划"（图6.4-1）。

（3）设计定位

①依据设定的故事背景设计一款用于能源运输的载具，拟定使用环境与部分功能特性，以现有机械技术相关理论作为参考，为设计作品提供技术支撑。

②综合考虑科幻载具运载能力、全地形通过能力、通信能力等方面，体现主体功能性。

③外观彰显"硬科幻机械美学"，以恰当的模型分件进行最大程度载具形象还原。

（4）草图方案

根据设计定位从功能、结构、外观等方面展开草图绘制，如图6.4-2所示。

图6.4-1 "盾构者"——科幻故事"磐橘沧辰计划"中的载具玩具设计（设计：大连工业大学学生龙镜伊；指导教师：宋柏林）

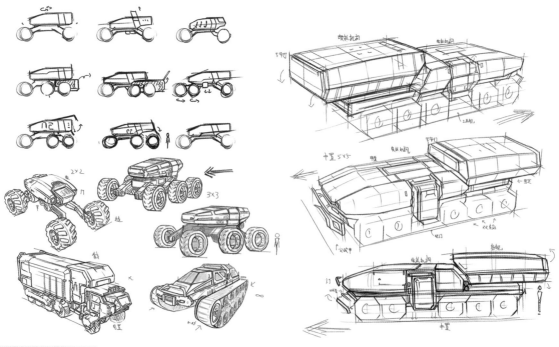

图6.4-2 草图方案

（5）产品效果图

在草图方案的基础上建模渲染，制作产品效果图，如图6.4-3、图6.4-4所示。

（6）产品尺寸图

根据产品结构和功能设定，确定牵引模块、轻型载物与载重运输模块的尺寸，如图6.4-5～图6.4-7所示。

（7）模型制作

对载具进行模型分件和颜色涂装，完成实物模型组装，如图6.4-8、图6.4-9所示。

（8）人因工程学分析

这款载具玩具设计的设定是一款基于未来科技的模块化概念产品，设计细节考虑了载具在运行

图6.4-3　效果图一

图6.4-4　效果图二

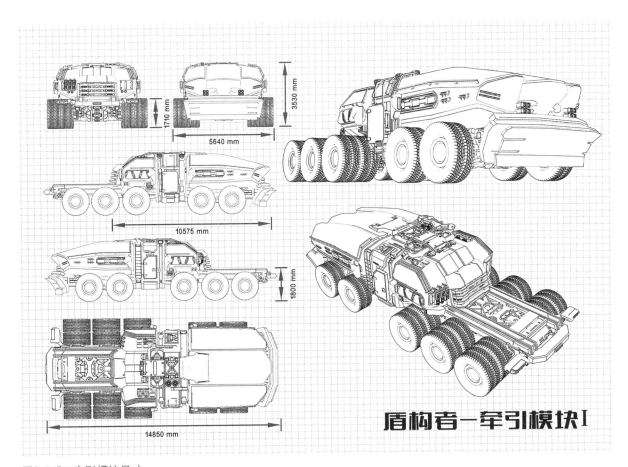

图6.4-5　牵引模块尺寸

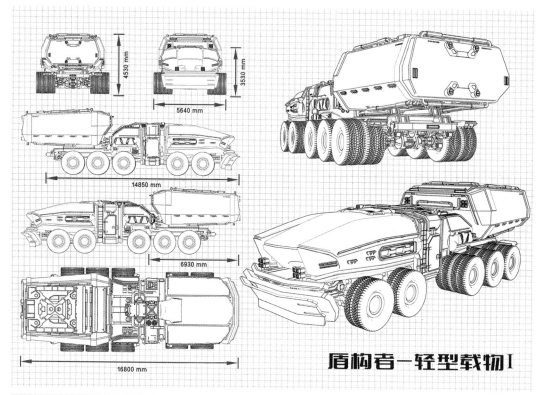

图6.4-6　轻型载物模块尺寸

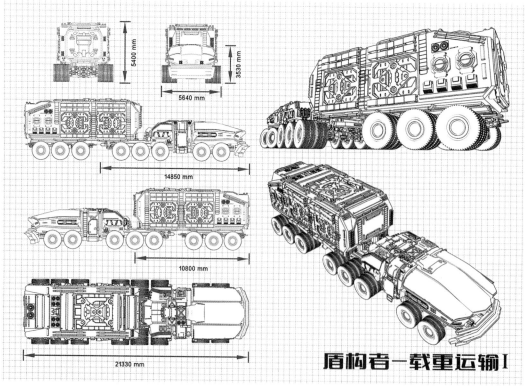

图6.4-7　载重运输模块尺寸

中可能遇到的环境问题以及用户在购买后的使用问题。

①流线型车体可以降低风阻，减小能源损耗；甲壳式结构能够最大限度保障在碰撞、翻滚等情况下人员的安全；考虑到载具行驶环境的复杂性，设计全景环境影像，避免视觉盲区；设计全方位照明系统和光源识别柱，满足夜间和照明不良环境的照明需要；根据不同任务目的与使用场景设计模块化结构，提高载具的适用性和灵活性，如图6.4-10所示。另外，设计公路胎和越野胎以适应不同路况，如图6.4-11所示。

②载具共有132枚零件，设计详细的组装

图6.4-8 模型分件

图6.4-9 实物模型

图6.4-10 载具结构设计

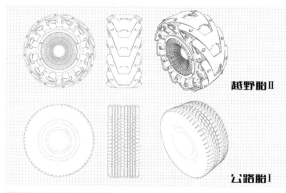

图6.4-11 轮胎设计

步骤，为用户提供使用便利，如图6.4-12~
图6.4-15所示。

（9）设计总结

这款载具设计考虑到未来世界中不同环境下的
不同工作要求，从外观造型、结构组成、功能设定
等方面进行了有目的的设计，即体现了产品本身的
未来科技要求，又符合当下人们对科幻产品的心理
预期，体现了设计者对概念产品中人因因素的相关
思考。

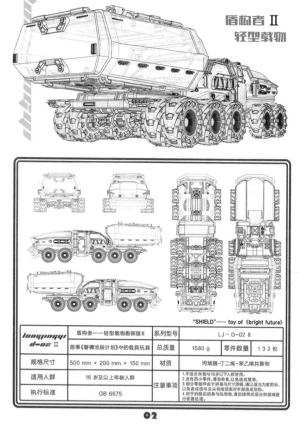

图6.4-12 组装步骤图（一）

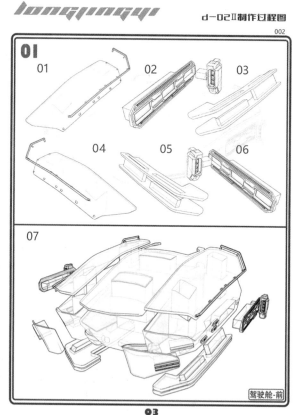

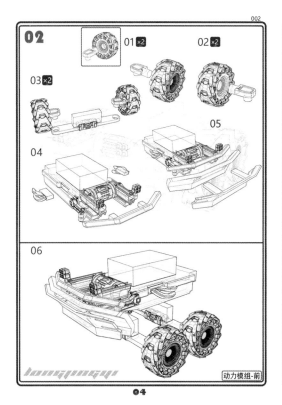

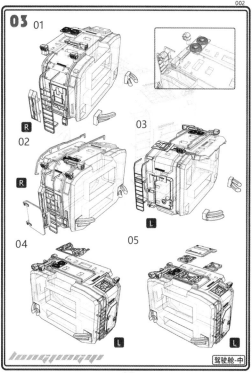

图6.4-13　组装步骤图（二）

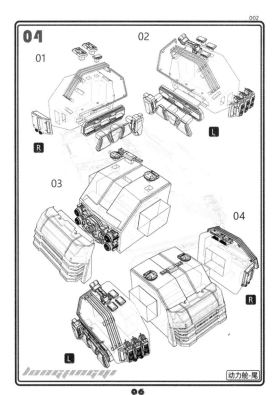

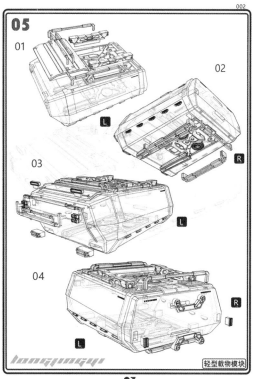

图6.4-14　组装步骤图（三）

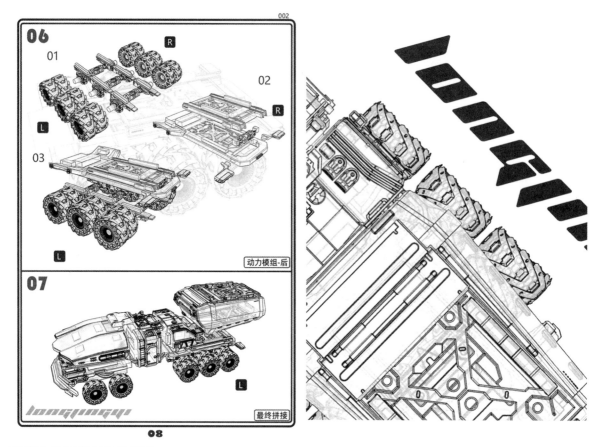

图6.4-15 组装步骤图（四）

复习题

1. 简述在产品设计中，关怀设计的重要性。
2. 简述可穿戴产品的设计原则。

思考
分析题

1. 请选择一款你喜欢的娱乐产品，从人因工程学的角度谈谈你对这款产品的使用感受。

2. 各列举一例未来型、主题型和技术应用型概念产品，解析在概念产品设计中人因工程学的应用方法。

参考文献
REFERENCES

［1］ 何灿群，李立，李明珠. 产品设计人机工程学［M］. 北京：化学工业出版社，2023.

［2］ 国家技术监督局. 中国成年人人体尺寸标准GB/T 10000—2023［S］. 北京：中国标准出版社，2023.

［3］ 国家技术监督局. 用于技术设计的人体测量项目GB/T 5793—2023［S］. 北京：中国标准出版社，2023.

［4］ 国家技术监督局. 成年人手部尺寸分型GB/T 16252—2023［S］. 北京：中国标准出版社，2023.

［5］ 国家技术监督局. 成年人三维足部模型GB/T 42746—2023［S］. 北京：中国标准出版社，2023.

［6］ 郭伏. 人因工程学［M］. 北京：机械工业出版社，2018.

［7］ 林莹莹. 基于用户行为触点的办公椅设计研究［D］. 大连：大连工业大学，2020.

［8］ 田树涛，金玲，孙来忠. 人体工程学（第2版）［M］. 北京：北京大学出版社，2018.

［9］ 苏建宁，白兴易. 人机工程设计［M］. 北京：中国水利水电出版，2014.

［10］ 侯建军，张春玉. 人机工程学［M］. 北京：清华大学出版社，2022.

［11］ 苟锐. 设计中的人机工程学［M］. 北京：机械工业出版社，2020.

［12］ 张毅，王立峰. 信息可视化设计［M］. 重庆：重庆大学出版社，2021.

［13］ 陈冉，李方舟. 信息可视化设计［M］. 杭州：中国美术学院出版社，2019.

［14］潘婷. 基于视知觉形式动力理论的儿童玩具再设计与研究［D］. 大连: 大连工业大学, 2019.

［15］阮宝湘, 邵祥华. 工业设计人机工程［M］. 北京: 机械工业出版社, 2016.

［16］周爱民, 苏建宁, 阎树田. 基于视知觉形式动力理论的动感产品造型设计方法研究［J］. 中国包装, 2013, 33（02）: 26-31.

［17］赵可恒. 产品概念设计［M］. 南京: 河海大学出版社, 2011.

［18］王秋惠, 王雅馨. 智能人因学内涵、方法及理论框架［J］. 技术与创新管理, 2022, 43（01）: 55-62.

［19］罗仕鉴, 朱上上, 沈诚仪. 用户体验设计［M］. 北京: 高等教育出版社, 2022.

［20］郭伏, 钱省三. 人因工程学［M］. 北京: 机械工业出版社, 2010.

［21］丁玉兰. 人机工程学［M］. 北京: 北京理工大学出版社, 2017.

［22］孙崇勇. 认知负荷的理论与实证研究［M］. 沈阳: 辽宁美术出版社, 2014.

［23］奥利弗·洛维尔. 学习的门道: 探秘认知负荷理论［M］. 北京: 教育科学出版社, 2024.